建筑工程施工

刘开富 ▣ 主　编

崔　暘　刘　勇　毛金萍　蔡其茅　盛　黎 ▣ 副主编

清华大学出版社

北　京

内容简介

目前在建筑工业化和信息化背景下行业升级加速，为减小建筑工程专业的知识教育和建筑行业人才需求间的差距，满足专业人才培养的需要，本书以施工方案和施工组织设计等的编撰训练为目的，介绍了BIM技术在建筑工程施工中的应用、装配式建筑施工介绍、建筑工程施工总平面图布置、危险性较大的分部分项工程安全专项施工方案编制、建筑工程施工进度计划编制等内容，力求既源于实践又高于实践，还能反映出国内外先进水平。书中部分内容设置了二维码，读者可以直接扫描观看其中的内容。

本书内容既有基础知识介绍，又有面向工程实践的软件操作指引，还有相对完整的实践案例，便于读者学习和参考。本书可作为高等院校土木工程、工程管理等相关专业本科生的教材，也可作为建造师资格考试、广大施工项目管理者及工程技术人员从事相关工作的参考用书。

图书在版编目(CIP)数据

建筑工程施工/刘开富主编. —北京：清华大学出版社，2021.1
ISBN 978-7-302-56290-0

Ⅰ. ①建… Ⅱ. ①刘… Ⅲ. ①建筑工程—工程施工 Ⅳ. ①TU7

中国版本图书馆 CIP 数据核字(2020)第 153063 号

责任编辑：杜　晓
封面设计：曹　来
责任校对：李　梅
责任印制：杨　艳

出版发行：清华大学出版社
网　　址：http://www.tup.com.cn，http://www.wqbook.com
地　　址：北京清华大学学研大厦 A 座　　**邮　　编**：100084
社 总 机：010-62770175　　**邮　　购**：010-62786544
投稿与读者服务：010-62776969，c-service@tup.tsinghua.edu.cn
质量反馈：010-62772015，zhiliang@tup.tsinghua.edu.cn
课件下载：http://www.tup.com.cn，010-83470410
印 装 者：三河市龙大印装有限公司
经　　销：全国新华书店
开　　本：185mm×260mm　**印　张**：12　**插　页**：2　**字　　数**：302 千字
版　　次：2021 年 1 月第 1 版　**印　　次**：2021 年 1 月第1 次印刷
定　　价：49.00 元

产品编号：088827-01

前言

近年来，工程建设领域发生了革命性的变化，对建筑工业化和信息化的要求不断提高。高等学校土木工程等专业本科类的专业知识教育和建筑行业人才需求之间存在较大差距，为减小差距，根据教育部土木工程专业的课程设置指导意见及《建筑施工组织设计规范》(GB/T 50502—2009)编写了本书，希望能在高校专业知识教育和建筑行业应用知识训练之间建立有效的联系。

本书根据多年的土木工程专业施工教学经验及相关工程实践编写，力求既源于实践又高于实践。各部分内容均设有练习题，以帮助学习者巩固知识点。

本书由浙江理工大学刘开富主编。其中绪论、第4章、第6章6.1～6.3节、第8章8.1节由浙江理工大学刘开富编写；第1章和第6章6.4节由浙江理工大学蔡其茅编写；第2章和第5章由浙江理工大学刘勇编写；第3章和第6章6.5节、6.7节由浙江华临建设集团有限公司崔暘编写；第6章6.6节和第8章8.2节由浙江树人大学盛黎编写；第7章由浙江理工大学毛金萍编写。全书由浙江理工大学刘开富统稿。

本书的编写得到教育部产学合作育人项目的资助和杭州品茗安控信息技术股份有限公司提供的软件支持，浙江理工大学研究生陈贤可和黄棁、杭州品茗安控信息技术股份有限公司章立鹏对本书进行了仔细的校对并做了大量工作，同时编写过程中参考了大量文献，部分文献无法在参考文献中体现，在此谨向作者表示衷心的感谢。限于作者水平，本书仍有不足之处，敬请读者批评指正。

编　者

2020年7月

目 录

应 用 篇

绪　论

0.1　关于建筑工程施工

0.1.1　建筑工程的定义

建筑工程是指为新建、改建或扩建房屋建筑物和附属构筑物设施所进行的规划、勘察、设计和施工、竣工等各项技术工作和完成的工程实体，以及与其配套的线路、管道、设备的安装工程。

其中，“房屋建筑物”的建造工程包括厂房、剧院、旅馆、商店、学校、医院和住宅等，其新建、改建或扩建必须兴工动料，通过施工活动才能实现；“附属构筑物设施”是指与房屋建筑物配套的水塔、自行车棚、水池等；“线路、管道、设备的安装”是指与房屋建筑物及其附属设施相配套的电气、给水排水、暖通、通信、智能化、电梯等线路、管道、设备的安装活动。

0.1.2　建筑工程的发展

中国古代的土木工程多采用土、石、木等材料建造，建造技术和艺术造型等都取得了极高的成就，如长城、赵州桥、都江堰、应县木塔、北京故宫等都是具有代表性的中国古代土木工程的杰作。在欧洲，大约8000年前已开始采用晒干的砖；5000～6000年前已采用凿琢的自然石；至于在建筑中采用烧制的砖，也有3000年的历史。世界古代的建筑，以建于公元前600年—公元前200年的七大奇迹最具有代表性。它们均为石材建造，大都用于宗教、军事和航海，且均建于当时经济、科技发达地区，这说明土木工程的发展与经济繁荣和科技进步是密不可分的。

19世纪钢材、混凝土的出现及发展，使其在土木工程中逐渐得到广泛应用。此后随着20世纪初期预应力混凝土的成功发明，摩天大楼、大跨度建筑等的建造成为可能。目前，世界上最高建筑是迪拜的哈利法塔，高度为828m。自改革开放以来，中国的高层建筑开始大量出现，目前我国最高的建筑是位于上海黄浦江畔的上海中心大厦(见图0.1)，高度626m；其他具有代表性的高层建筑还有上海的环球金融中心、北京的中国尊(见图0.2)等；在特殊结构方面的代表为1995年建造完成的高度为468m的上海东方明珠电视塔。为迎接2008年奥运会，北京建设了一批大跨建筑，如国家体育场“鸟巢”、国家游泳中心“水立方”、国家大剧院等。这些成果表明在工程结构的改革、建筑功能的使用、新技术和新材料的采用及合理组织施工等方面,中国均已达到国际先进水平。

图 0.1 上海中心大厦

图 0.2 中国尊

0.1.3 建筑工程施工的含义

土木工程的最终目的是建设出合乎设计要求的建筑物和构筑物,从设计到建设完成需要一个很长的工程实现过程,这一实现过程其实就是土木建筑工程施工,它是土木工程一个重要的组成部分,甚至可以说是土木工程最重要的部分。有了好的理论和设计,没有好的工程实践,一样不会产生优秀的作品。

随着时代的发展,信息、控制等学科和其他方面的新观点与新技术(包括并不局限于控制理论、信息化、施工技术、新材料、环境科学、环境工程、经济理论等),必然会影响建筑工程,并为这一传统学科注入新的活力,特别是建筑工程施工的全过程信息化应用尤为突出。信息化的特点将更深入地渗透到未来的土木工程中,而且不仅局限于 CAD 使用方面,也包含对工程进度的管理、运行中数据资料的收集、分析、整理等,还包括对建筑物结构的强度、变形、可靠性的分析和相应对策的决策等,这使得建筑工程信息化施工的要求也越来越高,从而促使了建筑信息模型(Building Information Modeling,BIM)的快速发展。

同时建筑工程施工的可持续发展和人性化也应该得到重视,它与社会经济发展相适应。整个建筑工程施工是建立在对资源和能源的不断消耗上,可持续发展成为社会主题,建筑工程施工必然要面对这个问题。资源和能源的节约应包括在建筑工程施工和其后的使用过程中,这必然要求有良好的设计和有效的运作管理机制。整个土木工程建筑物应该在整个寿命周期(包括规划、设计、建造、使用、维护、拆除等)中尽量降低对环境的影响,尽可能大地发挥和创造社会经济效益。

0.1.4 建筑工程施工信息化及工业化的发展

2014 年,中华人民共和国住房和城乡建设部出台了《关于推进建筑业发展和改革的若干意见》,这标志着国家和行业主管部门全面推进建筑业发展方式的转变——“从粗放型发展向精细化发展转变”,由此建筑的工业化和信息化走上发展前台。此后,2016 年发布的《中共中央国务院关于进一步加强城市规划建设管理工作的若干意见》要求“发展新型建造方式,大力推广装配式建筑,力争用十年左右时间,使装配式建筑占新建建筑的比例达到30%”。2016 年 9 月 14 日,李克强总理在国务院常务会议中提出“决定大力发展装配式建筑、推动产业结构调整升级”。随后,国务院办公厅印发的《关于大力发展装配式建筑的指导意见》更全面系统地指明了推进装配式建筑的目标、任务和措施。

在以装配式建筑为典型示范建造方式变革需求的引领下,建筑工业化将成为建筑业企业转型升级的必经之路,设计标准化、构件部品化、绿色环保化、装修一体化、施工机械化、管理信息化是建筑工业化的发展方向。但建筑工业化在我国还面临着诸多挑战,除了社会认知度不高和成本无价格优势以外,主要集中体现在产业科技支撑严重不足以及技术人才缺口巨大两个方面。建筑业的转型升级必须依托建筑工业化与信息化的共同发展,虽然国家制定了《2011—2015 年建筑业信息化发展纲要》,以加快建筑信息模型(BIM)等信息化技术在工程中的应用,但建筑业整体信息化投入水平较低。如 2015 年我国建筑行业产值 18 万亿,2016 年达到 19.4 万亿,但我国的建筑业信息化水平仅为 0.03%,与国际建筑业平均信息化率 0.3% 的水平相比,存在较大差距,与日本、韩国主要建筑企业 BIM 技术的差距较大。因此在极高总产值和极低信息化率的背景下,建筑信息化上升空间巨大。为此,2016 年全国住房和城乡建设部推出的《2016—2020 年建筑业信息化发展纲要》明确提出了增强 BIM、大数据、智能化、移动通信、云计算、物联网等信息技术集成应用能力,建筑业数字化、网络化、智能化取得突破性进展等发展目标,标志着建筑信息化迎来了前所未有的发展机遇。

0.2 本书主要内容

随着当前施工技术的复杂化,部分施工技术已离不开相应的计算机模型及计算机辅助,现适用于土木工程专业本科的建筑工程施工相关教材中不能有效地体现 BIM 技术和施工内容的连接,或者缺少设计施工图的基础信息、装配式建筑施工、相关专项施工技术等有效结合的章节内容,或者缺少有效结合工程实例的相关教学案例,导致培养出来的本科毕业生缺少相关的施工方案、施工组织设计编制的学习或专项训练,不利于快速融于建筑工业化和信息化情境下的行业发展,不能满足当前建筑行业及社会的需求。为此,基于多年的本科教学实践和土木工程施工、建筑工程施工等课程的教学及教材需求,结合我国现有本科教学中建筑工程施工信息化及工业化的相关要求,特编写本书。

本书包括基础篇和应用篇,基础篇主要用于本科专业基础、专业教育阶段和行业应用的知识储备的学习和训练，应用篇则主要用于编写具体工程施工组织设计(含安全专项施工方案)的学习及训练。

基础篇包括混凝土结构施工图平面整体表示法(制图规则及构造详图简介)、BIM 技术及在建筑工程施工中的应用(BIM 技术简介、BIM 典型应用软件简介、BIM 在建筑工程施工中的应用)、装配式建筑施工介绍(装配式建筑基本概念、装配式构件生产技术简介、装配式钢筋混凝土工程施工技术介绍、BIM 技术在装配式建筑中的应用)。

应用篇为建筑工程施工组织设计的介绍和训练，主要包括建筑工程施工组织设计概述(分类、编制原则及步骤、主要内容)、建筑工程施工总平面图(主要内容、资料要求、设计原则、步骤及方法等)、危险性较大的分部分项工程安全专项施工方案(介绍，深基坑工程、降水工程、落地式钢管脚手架工程、高大模板工程、塔式起重机基础工程、装配式建筑混凝土预制构件安装工程等安全专项施工方案的编制依据、主要内容、软件操作简介及相关工程案例参考实例的电子版文件等)、建筑工程施工进度计划编制(基本介绍、所需资料、原则、程序、软件操作简介、编制案例)、建筑工程施工组织设计案例实例(具体工程的案例简介及疑难点分析，并配备现浇及装配式混凝土结构工程施工组织设计案例各 1 份)。

基 础 篇

第1章 混凝土结构施工图平面整体表示法

1.1 制图规则

目前在建筑施工设计中现浇钢筋混凝土结构中的构件，除可以采用传统的绘制构件详图的表示方法，也可以采用文字注写的表示方法，即混凝土结构施工图平面整体表示法（以下简称平法）。平法是我国现浇钢筋混凝土结构施工图表示方法的重大改革。自2003年2月批准执行《混凝土结构施工图平面整体表示方法制图规则和构造详图》（03G101—1）以来，到现在的（16G101—1），经过十多年的推广，平法已在现浇钢筋混凝土结构设计和制图中广泛使用。

平法改革了传统的将构件从结构平面图布置图中索引出来，然后逐个绘制配筋详图的表示方法。按平法设计绘制的施工图，一般是由各类结构构件的平法施工图和标准构造详图两大部分构成，但对于复杂的工业与民用建筑，尚需增加模板、开洞和预埋件等平面图，只有在特殊情况下才需增加剖面配筋图。平法施工图必须根据具体工程设计，按照各类构件的平法制图规则，再在结构（标准）层绘制的平面布置图上直接表示各构件的尺寸、配筋。出图时，宜按基础、柱、剪力墙、梁板、楼梯及其他构件的顺序排列，并且应将所有柱、剪力墙、梁和板等构件进行编号，编号中含有类型代号和序号等。其中，类型代号的主要作用是指明所选用的标准构造详图，在标准构造详图上，已经按其所属构件类型注明代号，以明确该详图与平法施工图中该类型构件的互补关系，使两者结合构成完整的结构设计图。

对柱施行的平法称为柱平法，对梁施行的平法称为梁平法，对剪力墙施行的平法称为墙平法。它们有各自不同的制图规则。本章以《混凝土结构施工图平面整体表示方法制图规则和构造详图》（16G101—1）中的例子为例，讲述梁、板、柱、剪力墙平法的制图规则。

1.2 构造详图简介

1.2.1 混凝土框架柱

1. 柱平法施工图的表示方法

（1）柱平法施工图是指在柱平面布置图上采用列表注写方式或截面注写方式表达。

（2）柱平面布置图可采用适当比例单独绘制。

（3）在柱平法施工图中，应注明各结构层的楼面标高、结构层高及相应的结构层号，还应注明上部结构嵌固部位的位置。

2. 列表注写方式

(1) 列表注写方式是指在柱平面布置图上(一般只需采用适当比例绘制一张柱平面布置图,包括框架柱、框支柱、梁上柱和剪力墙上柱),分别在同一编号的柱中选择一个(有时需要选择几个)截面标注几何参数代号,在柱表中注写柱编号、柱段起止标高、几何尺寸(含柱截面对轴线的偏心情况)与配筋的具体数值,并配以各种柱截面形状及其箍筋类型图的方式来表达柱平法施工图。

(2) 柱表注写内容规定如下。

① 注写柱编号。柱编号由类型代号和序号组成,应符合表 1.1 的规定。

表 1.1 柱编号

柱类型	代号	序号
框架柱	KZ	××
框支柱	KZZ	××
芯柱	XZ	××
梁上柱	LZ	××
剪力墙上柱	QZ	××

注:编号时,当柱的总高、分段截面尺寸和配筋均对应相同,仅截面与轴线的关系不同时,仍可将其编为同一柱号,但应在图中注明截面与轴线的关系。

② 注写各段柱的起止标高,自柱根部往上以变截面位置或截面未变但配筋改变处为界分段注写。框架柱和框支柱的根部标高是指基础顶面标高;芯柱的根部标高是指根据结构实际需要而定的起始位置标高;梁上柱的根部标高是指梁顶面标高;剪力墙上柱的根部标高为墙顶面标高。

③ 对于矩形柱,注写柱截面尺寸 $b \times h$ 及与轴线关系的几何参数代号 b_1、b_2 和 h_1、h_2 的具体数值,需对应于各段柱分别注写。其中,$b=b_1+b_2$,$h=h_1+h_2$。当截面的某一边收缩变化至与轴线重合或偏到轴线的另一侧时,b_1、b_2、h_1、h_2 中的某项为零或为负值。

对于圆柱,表中 $b \times h$ 一栏改用在圆柱直径数字前加 d 表示。为表达简单,圆柱截面与轴线的关系也用 b_1、b_2、h_1、h_2 表示,并使 $d=b_1+b_2=h_1+h_2$。

根据结构需要,芯柱可以在某些框架柱的一定高度范围内,在其内部中心位置设置(分别引注其柱编号)。芯柱截面尺寸按构造确定,并按《混凝土结构施工图平面整体表示方法制图规则和构造详图》(16G101—1)图集标准构造详图施工,设计不需注写;当设计者采用与本图集标准构造详图不同的做法时,应另行注明。芯柱随框架柱定位,不需要注写其与轴线的几何关系。

④ 注写柱纵筋。当柱(包括矩形柱、圆柱和芯柱)纵筋直径相同,各边根数也相同时,将纵筋注写在"全部纵筋"一栏中。除此之外,柱纵筋分角筋、截面 b 边中部筋和 h 边中部筋三项分别注写(对于采用对称配筋的矩形截面柱,可仅注写一侧中部筋,对称边省略不注)。

⑤ 注写箍筋类型号及箍筋肢数。在箍筋类型栏内注写箍筋类型号与肢数。

⑥ 注写柱箍筋,包括钢筋级别、直径与间距。

当为抗震设计时,用斜线"/"区分柱端箍筋加密区与柱身非加密区长度范围内箍筋的不同间距。施工人员需根据标准构造详图的规定,在规定的几种长度值中取其最大值作为加密区长度。当框架节点核芯区内箍筋与柱端箍筋设置不同时,应在括号中注明核芯区箍筋直径及间距。

【例 1.1】 Φ10@100/250,表示箍筋为 HPB300 级钢筋,直径为 10mm,加密区间距为 100mm,非加密区间距为 250mm。

Φ10@100/250(Φ12@100),表示柱中箍筋为 HPB300 级钢筋,直径为 10mm,加密区间距为 100mm,非加密区间距为 250mm。框架节点核芯区箍筋为 HPB300 级钢筋,直径为 12mm,间距为 100mm。

当箍筋沿柱全高为一种间距时,则不使用斜线"/"。

【例 1.2】 Φ10@100,表示沿柱全高范围内箍筋均为 HPB300 级钢筋,直径为 10mm,间距为 100mm。

当圆柱采用螺旋箍筋时,需在箍筋前加"L"。

【例 1.3】 LΦ10@100/200,表示采用螺旋箍筋,HPB300 级钢筋,直径为 10mm,加密区间距为 100mm,非加密区间距为 200mm。

(3) 具体工程所设计的各种箍筋类型图以及箍筋复合的具体方式,需画在表的上部或图中的适当位置,并在其上标注与表中相对应的 b、h 和类型代号。

注: 当抗震设计须确定箍筋肢数时,要满足对柱纵筋"隔一拉一"以及箍筋肢距的要求。

3. 截面注写方式

(1) 截面注写方式是指在柱平面布置图的柱截面上,分别在同一编号的柱中选择一个截面,以直接注写截面尺寸和配筋具体数值的方式表达柱平法施工图。

(2) 对除芯柱之外的所有柱截面按《混凝土结构施工图平面整体表示方法制图规则和构造详图》(16G101—1)第 1.2.1-2 条第 2-b 款的规定进行编号。从相同编号的柱中选择一个截面,按另一种比例原位放大绘制柱截面配筋图,并在各配筋图上继其编号后注写截面尺寸 $b \times h$、角筋或全部纵筋(当纵筋采用一种直径且能够图示清楚时)、箍筋的具体数值(箍筋的注写方式同《混凝土结构施工图平面整体表示方法制图规则和构造详图》(16G101—1)第 1.2.1-2 条第 2-f 款),以及在柱截面配筋图上标注柱截面与轴线关系 b_1、b_2、h_1、h_2 的具体数值。

当纵筋采用两种直径时,需再注写截面各边中部筋的具体数值(对于采用对称配筋的矩形截面柱,可仅在一侧注写中部筋,对称边省略不注)。

当在某些框架柱的一定高度范围内,在其内部的中心设置芯柱时,首先按照《混凝土结构施工图平面整体表示方法制图规则和构造详图》(16G101—1)第 1.2.1-2 条第 2-a 款的规定进行编号,在其编号之后注写芯柱的起止标高、全部纵筋及箍筋的具体数值(箍筋的注写方式同《混凝土结构施工图平面整体表示方法制图规则和构造详图》(16G101—1)第 1.2.1-2 条第 2-f 款),芯柱截面尺寸按构造确定,并按标准构造详图施工,设计不注;当设计者采用与本构造详图不同的做法时,应另行注明。芯柱定位随框架柱,不需要注写其与轴线的几何关系。

(3) 在截面注写方式中,如柱的分段截面尺寸和配筋均相同,仅截面与轴线的关系不同时,可将其编为同一柱号。注意此时应在未画配筋的柱截面上注写该柱截面与轴线关系的具体尺寸。

图 1.1 所示为柱平法施工图截面注写方式示例。通过识图得到以下信息。

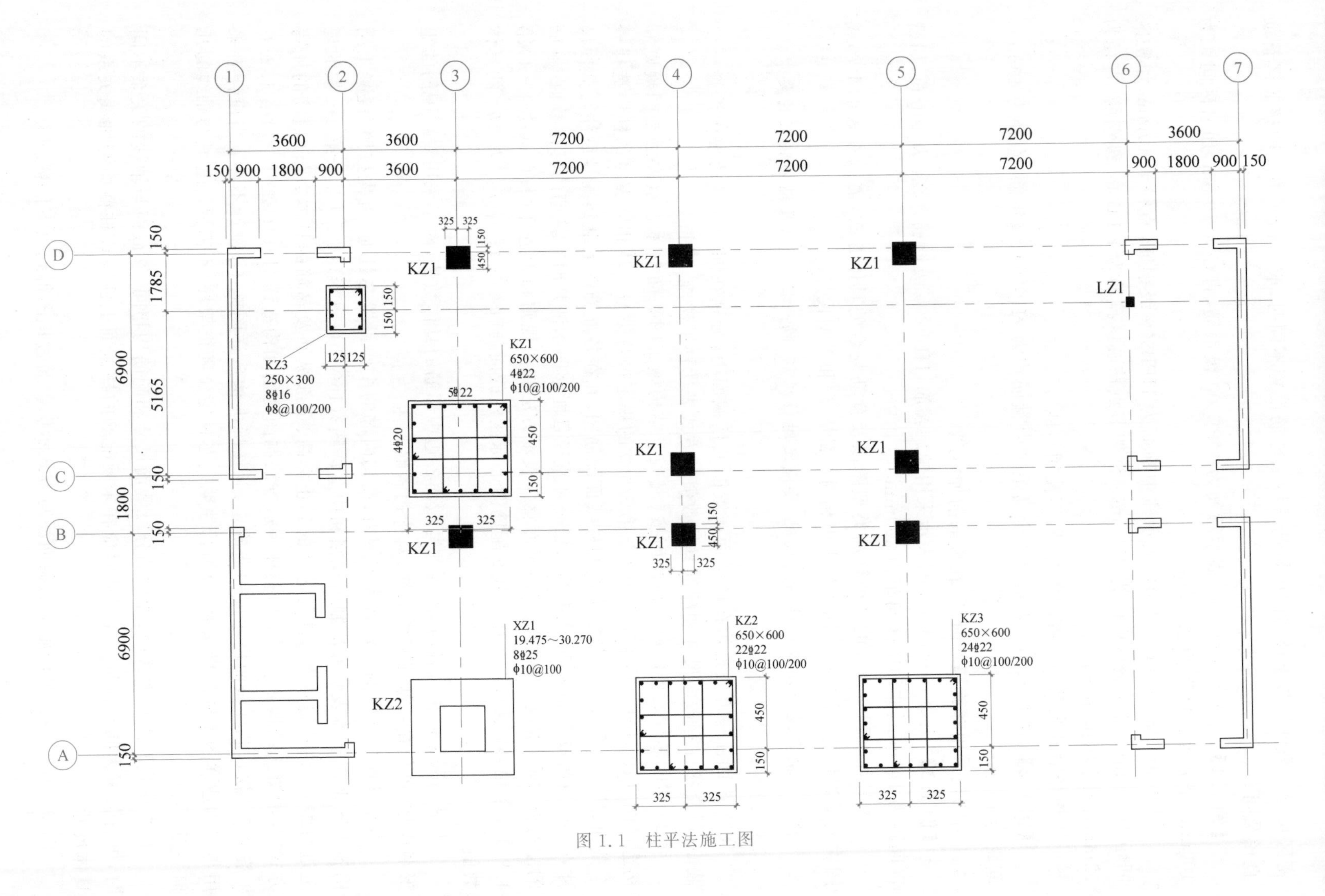
KZ1
KZ2
KZ3
250×300
8⊈16
ф8@100/200
KZ1
650×600
4⊈22
ф10@100/200
5⊈22
4⊈20
LZ1
XZ1
19.475~30.270
8⊈25
ф10@100
KZ2
650×600
22⊈22
ф10@100/200
KZ3
650×600
24⊈22
ф10@100/200

图 1.1 柱平法施工图

① 图中分别有KZ1、KZ2、KZ3、XZ1类型的柱子，对应不同的尺寸或者配筋，其中，5轴和B轴交叉的KZ2中间存在XZ1。

② 5轴和D轴交叉的KZ1，因整体比例较小，故采用局部放大的方式标示了柱子的几何尺寸和配筋的具体数值，并配以各种截面形状及箍筋类型图。其尺寸为$b \times h = 650\text{mm} \times 600\text{mm}$，$b_1 = 325\text{mm}$、$b_2 = 325\text{mm}$、$h_1 = 150\text{mm}$、$h_2 = 450\text{mm}$，说明柱子中心和轴网中心不重合，存在偏心。柱子的4个角部各布置1根直径22mm的三级钢筋，D轴方向各边再布置5根直径22mm的三级钢筋，5轴方向各边再布置4根直径20mm的三级钢筋；两个方向箍筋采用4肢箍，箍筋直径10mm，加密区间距100mm，非加密区间距200mm。

③ 5轴和B轴交叉的KZ2，其尺寸为$b \times h = 650\text{mm} \times 600\text{mm}$，$b_1 = 325\text{mm}$、$b_2 = 325\text{mm}$、$h_1 = 150\text{mm}$、$h_2 = 450\text{mm}$，说明柱子中心和轴网中心不重合，存在偏心。柱子的B轴方向各边均布置7根直径22mm的三级钢筋，5轴方向各边均布置6根直径22mm的三级钢筋，纵向受力筋总数为22根；两个方向箍筋采用4肢箍，箍筋直径10mm，加密区间距100mm，非加密区间距200mm。此位置的柱子中心还存在XZ1，布置位置在标高19.47～30.27m，受力筋布置在十字交叉箍筋中心处，各边均布置3根直径25mm的三级钢筋，箍筋采用2肢箍，箍筋直径10mm，间距100mm。

④ 7轴和B轴交叉的KZ3，其尺寸为$b \times h = 650\text{mm} \times 600\text{mm}$，$b_1 = 325\text{mm}$、$b_2 = 325\text{mm}$、$h_1 = 150\text{mm}$、$h_2 = 450\text{mm}$，说明柱子中心和轴网中心不重合，存在偏心。柱子的两边各个方向均布置7根直径22mm的三级钢筋，纵向受力筋总数为24根；两个方向箍筋采用4肢箍，箍筋直径10mm，加密区间距100mm，非加密区间距200mm。

⑤ 位于4轴、8轴上的LZ1，其柱子中心和轴网中心重合，其尺寸为$b \times h = 250\text{mm} \times 300\text{mm}$，4轴方向各边均布置3根直径16mm的三级钢筋，箍筋采用2肢箍，箍筋直径10mm，加密区间距100mm，非加密区间距200mm。

1.2.2　混凝土梁

1. 梁平法施工图的表示方法

(1) 梁平法施工图是指在梁平面布置图上采用平面注写方式或截面注写方式表达。

(2) 梁平面布置图应分别按梁的不同结构层(标准层)，将全部梁和与其他相关联的柱、墙、板一起采用适当比例绘制。

(3) 在梁平法施工图中，还应注明各结构层的顶面标高及相应的结构层号。

(4) 对于轴线为居中的梁，应标注其偏心定位尺寸(贴柱边的梁可不注)。

2. 平面注写方式

(1) 平面注写方式是指在梁平面布置图上，分别在不同编号的梁中各选一根梁，在其上注写截面尺寸和配筋具体数值的方式表达梁平法施工图。

平面注写包括集中标注和原位标注，集中标注表达梁的通用数值，原位标注表达梁的特殊数值。当集中标注中的某项数值不适用于梁的某部位时，则将该项数值原位标注，施工时优先选用原位标注，如图1.2所示。

图中最上面是集中标注：2号框架梁；有2跨，一端悬挑，梁断面300mm×650mm；梁箍筋是双肢箍，加密区间距100mm，非加密区间距200mm；梁上部贯通钢筋为2根直径为

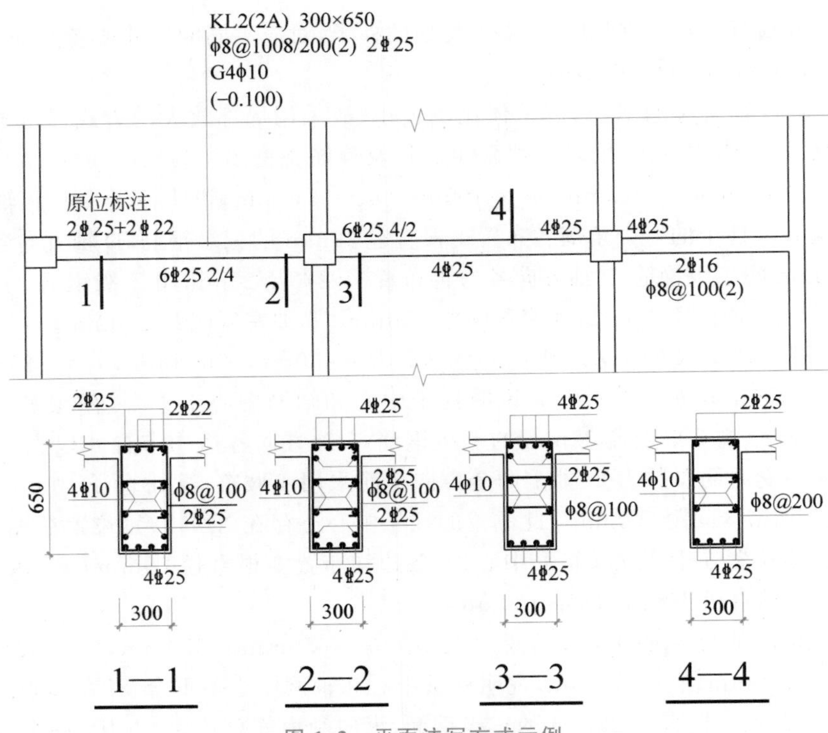

图 1.2　平面注写方式示例

25mm 的三级钢筋；梁顶相对于楼层标高低 0.1m。其他位置的标注都是原位标注。同时 4 个梁截面 1—1、2—2、3—3、4—4 采用传统表示方法绘制，用于对比按平面注写方式表达的同样内容。

(2) 梁编号由梁类型、代号、序号、跨数及是否带有悬挑代号几项组成，并应符合表 1.2 的规定。

表 1.2　梁编号

梁类型	代号	序号	跨数及是否带有悬挑代号
楼层框架梁	KL	××	(××)、(××A)或(××B)
屋面框架梁	WKL	××	(××)、(××A)或(××B)
框支梁	KZL	××	(××)、(××A)或(××B)
非框架梁	L	××	(××)、(××A)或(××B)
悬挑梁	XL	××	—
井字梁	JZL	××	(××)、(××A)或(××B)

注：(××A)为一端有悬挑，(××B)为两端有悬挑，悬挑不计入跨数。

例如，KL7(5A)表示第 7 号框架梁，5 跨，一端有悬挑；L9(7B)表示第 9 号非框架梁，7 跨，两端有悬挑。

(3) 梁集中标注的内容，有五项必注值及一项选注值(集中标注可以从梁的任意一跨引出)，规定如下。

① 梁编号，如表 1.2 所示，该项为必注值。

② 梁截面尺寸，该项为必注值。

当为等截面梁时，用 $b \times h$ 表示。当为竖向加腋梁时，用 $b \times h$ GY$c_1 \times c_2$ 表示，其中 c_1 为腋长，c_2 为腋高(见图 1.3)。当为水平加腋梁时，一侧加腋时用 $b \times h$ PY$c_1 \times c_2$ 表示，其中 c_1 为腋长，c_2 为腋宽，加腋部位应在平面图中绘制，如图 1.4 所示。当有悬挑梁且根部和端部的高度不同时，用斜线分隔根部和端部的高度值，即为 $b \times h_1/h_2$，如图 1.5 所示。

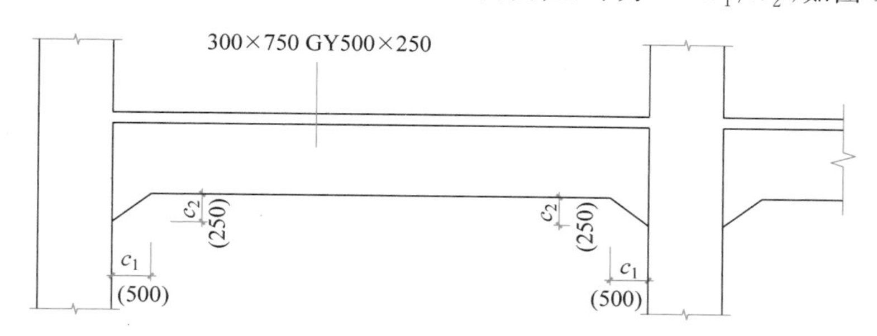

图 1.3　竖向加腋截面注写示意图

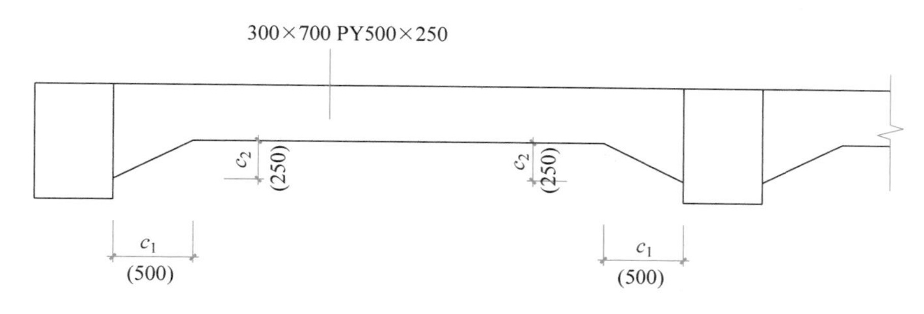

图 1.4　水平加腋截面注写示意图

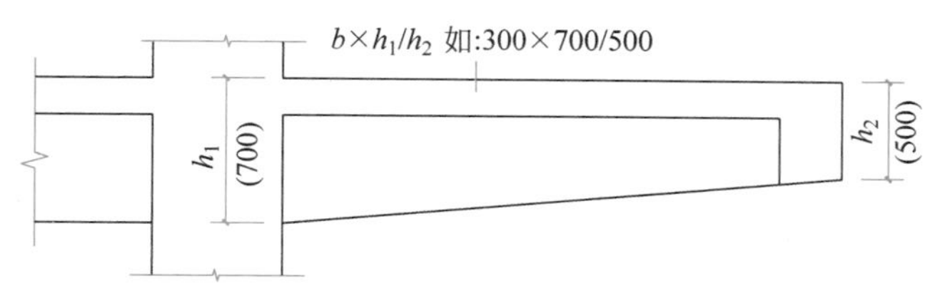

图 1.5　悬挑梁不等高截面注写示意图

③ 梁箍筋，包括钢筋级别、直径、加密区间距和非加密区间距及肢数，该项为必注值。箍筋加密区与非加密区的不同间距及肢数需用斜线“/”分隔；当梁箍筋为同一种间距及肢数时，则不需用斜线；当加密区与非加密区的箍筋肢数相同时，则将肢数注写一次，箍筋肢数应写在括号内。加密区范围见相应抗震等级的标准构造详图。

【例 1.4】 Φ10@100/200(4)，表示箍筋为 HPB300 钢筋，直径为 10mm，加密区间距为 100mm，非加密区间距为 200mm，均为 4 肢箍。

Φ8@100(4)/150(2)，表示箍筋为 HPB300 钢筋，直径为 8mm，加密区间距为 100mm，4 肢箍；非加密区间距为 150mm，2 肢箍。

当抗震设计中的非框架梁、悬挑梁、井字梁，及非抗震设计中的各类梁采用不同的箍筋间距及肢数时，也用斜线“/”将其分隔开。注写时，先注写梁支座端部的箍筋(包括箍筋的箍数、钢筋级别、直径、间距与肢数)，在斜线后面注写梁跨中部分的箍筋间距及肢数。

【例 1.5】 13Φ10@150/200(4)，表示箍筋为 HPB300 钢筋，直径为 10mm；梁的两端各有 13 个 4 肢箍，间距为 150mm；梁跨中部分箍筋间距为 200mm，4 肢箍。

18Φ12@150(4)/200(2)，表示箍筋为 HPB300 钢筋，直径为 12mm；梁的两端各有 18 个 4 肢箍，间距为 150mm；梁跨中部分箍筋间距为 200mm，2 肢箍。

④ 梁上部通长筋或架立筋配置(通长筋可为相同或不同直径采用搭接连接、机械连接或焊接的钢筋)，该项为必注值。所注规格与根数应根据结构受力要求及箍筋肢数等构造要求而定。当同排纵筋中既有通长筋又有架立筋时，应用加号“+”将通长筋和架立筋相连。注写时需将角部纵筋写在加号的前面，架立筋写在加号后面的括号内，以示不同直径及与通长筋的区别。当全部采用架立筋时，则将其写入括号内。

【例 1.6】 2Φ22 用于 2 肢箍；2Φ22+(4Φ12)用于 6 肢箍，其中 2Φ22 为通长筋，4Φ12 为架立筋。

当梁的上部纵筋和下部纵筋为全跨相同，且多数跨配筋相同时，此项可加注下部纵筋的配筋值，用分号“;”将上部与下部纵筋的配筋值分隔开，少数跨不同者，按《混凝土结构施工图平面整体表示方法制图规则和构造详图》(16G101—1)第 1.2.2 第 1 条的规定处理。

【例 1.7】 3Φ22；3Φ20 表示梁的上部配置 3Φ22 的通长筋，梁的下部配置 3Φ20 的通长筋。

⑤ 梁侧面纵向构造钢筋或受扭钢筋的配置，该项为必注值。当梁腹板高度 $h_w \geqslant$ 450mm 时，需配置纵向构造钢筋，所注规格与根数应符合规定。此项注写值以大写字母 G 开始，接着注写配置在梁两个侧面的总配筋值，且对称配置。

【例 1.8】 G4Φ12 表示梁的两个侧面共配置 4Φ12 的纵向构造钢筋，每侧各配置 2Φ12。

当梁侧面需配置受扭纵向钢筋时，此项注写值以大写字母 N 开始，接着注写配置在梁两个侧面的总配筋值，且对称配置。受扭纵向钢筋应满足梁侧面纵向构造钢筋的间距要求，且不再重复配置纵向构造钢筋。

【例 1.9】 N6Φ22 表示梁的两个侧面共配置 6Φ22 的受扭纵向钢筋，每侧各配置 3Φ22。

注：1. 当为梁侧面构造钢筋时，其搭接与锚固长度可取 $15d$。

2. 当为梁侧面受扭纵向钢筋时，其搭接长度为 l_l 或 l_{lE}(抗震)，锚固长度为 l_a 或 l_{aE}(抗震)；其锚固方式与框架梁下部纵筋相同。

⑥ 梁顶面标高高差，该项为选注值。梁顶面标高高差是指相对于结构层楼面标高的高差值。对于位于结构夹层的梁，则指相对于结构夹层楼面标高的高差。有高差时，需将其写入括号内，无高差时不注。

3. 梁原位标注的内容规定

(1) 梁支座上部纵筋，该部位含通长筋在内的所有纵筋。

① 当上部纵筋多于一排时，用斜线“/”将各排纵筋自上而下分开。

【例 1.10】 梁支座上部纵筋注写为 6Φ25 4/2，表示上一排纵筋为 4Φ25，下一排纵筋为 2Φ25。

② 当同排纵筋有两种直径时，用加号“+”将两种直径的纵筋相连，注写时将角部纵筋写在前面。

【例 1.11】 梁支座上部有 4 根纵筋，上部注写为 2 ⌽ 25＋2 ⌽ 22，表示 2 ⌽ 25 放在角部，2 ⌽ 22 放在中部。

③ 当梁中间支座两边的上部纵筋不同时，需在支座两边分别标注；当梁中间支座两边的上部纵筋相同时，可仅在支座的一边标注配筋值，另一边省去不注，如图 1.6 所示。

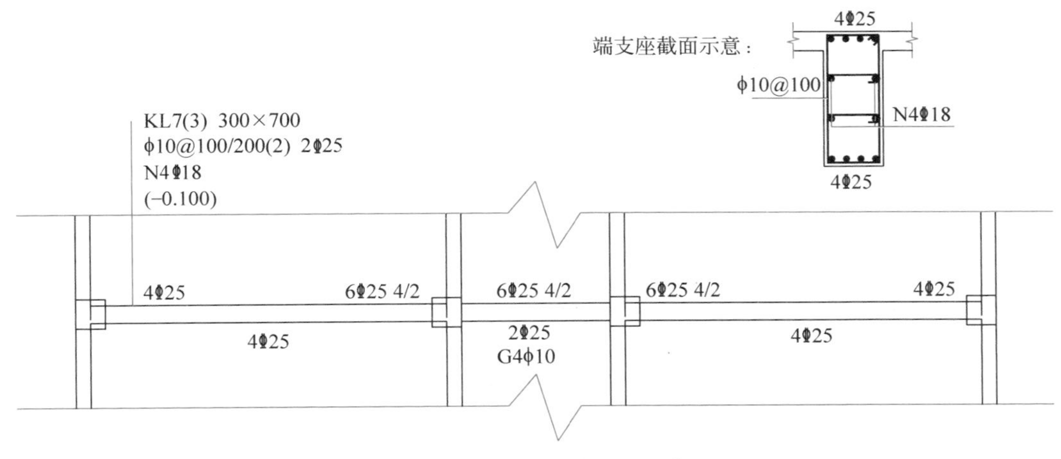

图 1.6 大小跨梁的注写示意

设计时应注意以下几点。

① 对于支座两边不同配筋值的上部纵筋，宜尽可能选用相同直径(不同根数)，使其贯穿支座，避免支座两边不同直径的上部纵筋均在支座内锚固。

② 对于以边柱、角柱为端支座的屋面框架梁，当能够满足配筋截面面积要求时，其梁的上部钢筋应尽可能只配置一层，以避免梁柱纵筋在柱顶处因层数过大、密度过大导致不方便施工，并影响混凝土浇筑质量。

(2) 梁下部纵筋标注的内容规定如下。

① 当下部纵筋多于一排时，用斜线“/”将各排纵筋自上而下分开。

【例 1.12】 梁支座上部纵筋注写为 6 ⌽ 25(2/4)，表示上一排纵筋为 2 ⌽ 25，下一排纵筋为 4 ⌽ 25，且全部伸入支座。

② 当同排纵筋有两种直径时，用加号“＋”将两种直径的纵筋相连，注写时角筋写在前面。

③ 当梁下部纵筋不全部伸入支座时，将梁支座下部纵筋减少的数量写在括号内。

【例 1.13】 梁支座下部纵筋注写为 6 ⌽ 25 2(－2)/4，表示上一排纵筋为 2 ⌽ 25，且不伸入支座；下一排纵筋为 4 ⌽ 25，全部伸入支座。

【例 1.14】 梁支座下部纵筋注写为 2 ⌽ 25＋3 ⌽ 22(－3)/5 ⌽ 25，表示上一排纵筋为 2 ⌽ 25 和 3 ⌽ 22，其中 3 ⌽ 22 不伸入支座；下一排纵筋为 5 ⌽ 25，全部伸入支座。

④ 当梁的集中标注已按《混凝土结构施工图平面整体表示方法制图规则和构造详图》(16G101—1)第 1.2.2 条第 3-d 款的规定，分别注写了梁上部和下部均为通长的纵筋值时，则不需在梁下部重复做原位标注。

⑤ 当梁设置竖向加腋时，加腋部位下部斜纵筋应在加腋支座下部以 Y 开始注写在括号内(见图 1.7)，《混凝土结构施工图平面整体表示方法制图规则和构造详图》(16G101—1)中

框架梁竖向加腋构造适用于加腋部位参与框架梁计算，其他情况设计者应另行给出构造。当梁设置水平加腋时，水平加腋部位上、下部斜纵筋应在加腋支座上部以 Y 开始注写在括号内，上、下部斜纵筋之间用“/”分隔，如图 1.8 所示。

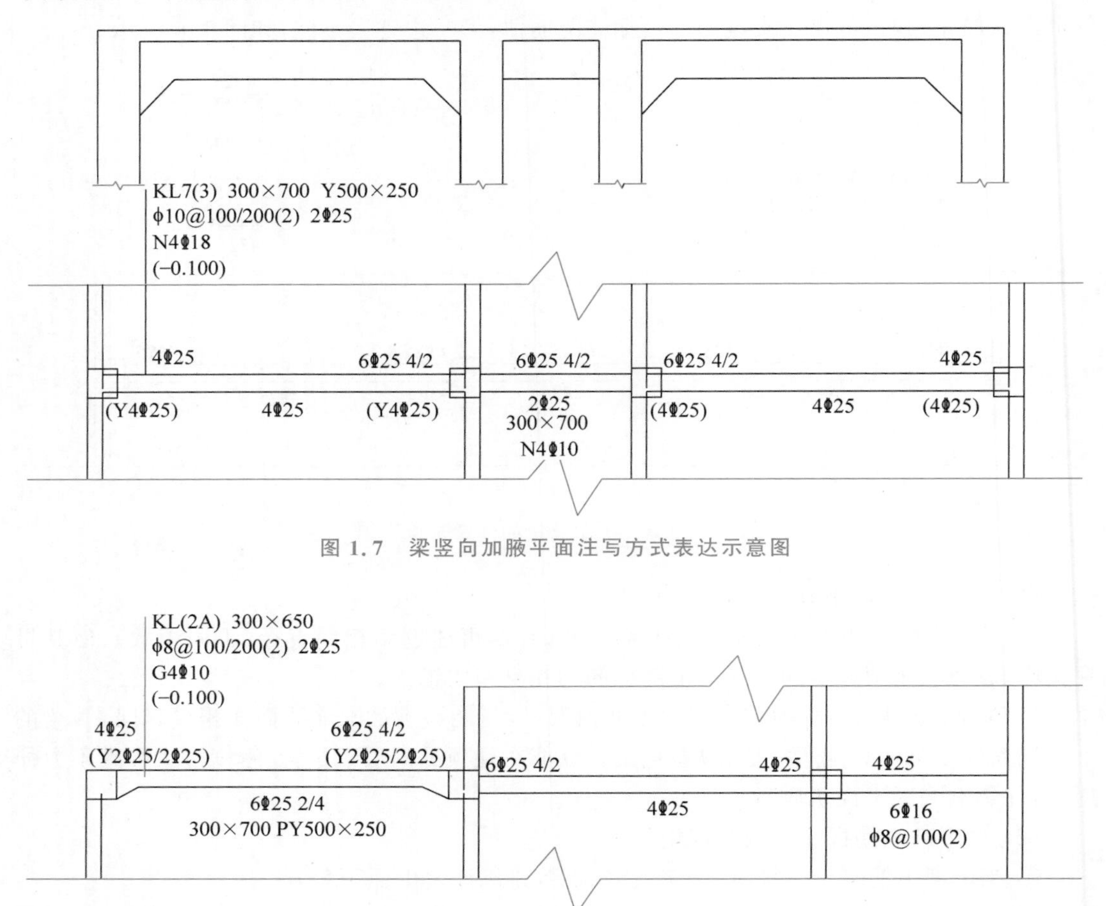

图 1.7 梁竖向加腋平面注写方式表达示意图

图 1.8 梁水平加腋平面注写方式表达示意图

(3) 当在梁上集中标注的内容（即梁截面尺寸、箍筋、上部通长筋或架立筋，梁侧面纵向构造筋或受扭纵向构造筋，以及梁顶面标高高差中的某一项或者几项数值）不适用于某跨或某悬挑部分时，则将其不同数值原位标注在该跨或该悬挑部位，施工时应按原位标注数值取用。

当在多跨梁的集中标注中已注明加腋，而该梁某跨的根部却不需要加腋时，则应在该跨原位标注等截面的 $b \times h$，以修正集中标注中的加腋信息，图 1.7 中间跨不采用竖向加腋，截面为 300mm×700mm。

(4) 附加箍筋或吊筋，将其直接画在平面图的主梁上，用线引注总配筋值（附加箍筋的肢数标注在括号内，如图 1.9 所示，图中左侧为 2 Φ 18 的吊筋，右侧为 2 肢箍节点两侧各 4 个直径为 8mm 的 2 肢箍，间距 50mm）。当多数附加箍筋或吊筋相同时，可在梁平法施工图上统一注明，少数与统一注明值不同时，再原位引注。

施工时应注意附加箍筋或吊筋的几何尺寸应按照标准构造详图，结合其所在位置的主梁的次梁的截面尺寸而定。

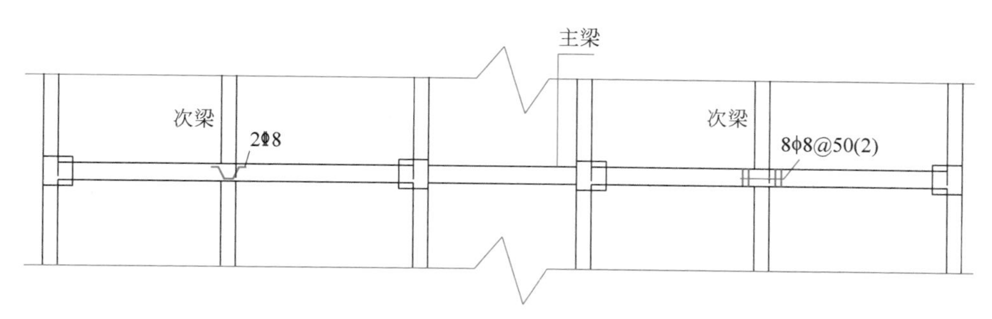

图 1.9　附加箍筋和吊筋的画法示例

1.2.3　混凝土板

有梁楼盖板的制图规则适用于以梁为支座的楼面与屋面板平法施工图设计。

1. 有梁楼盖板平法施工图的表示方法

(1) 有梁楼盖板平法施工图是指在楼面板和屋面板布置图上，采用平面注写的表达方式。板平面注写主要包括板块集中标注和板支座原位标注。

(2) 为方便设计表达和施工识图，规定结构平面的坐标方向如下。

① 当两向轴网正交布置时，图面从左至右为 X 向，从上至下为 Y 向。

② 当轴网转折时，局部坐标方向顺轴网转折角度做相应转折。

③ 当轴网向心布置时，切向为 X 向，径向为 Y 向。

此外，对于平面布置比较复杂的区域，如轴网转折交界区域、向心布置的核心区域等，其平面坐标方向应由设计者另行规定并在图上明确表示。

2. 板块集中标注

(1) 板块集中标注的内容为板块编号、板厚、贯通纵筋以及当板面标高不同时的标高高差。

对于普通楼面，两向均以一跨为一板块；对于密肋楼盖，两向主梁(框架梁)均以一跨为一板块(非主梁密肋不计)。所有板块应逐一编号，相同编号的板块可选择其一做集中标注，其他仅注写置于圆圈内的板编号，以及当板面标高不同时的标高高差。

板块按表 1.3 的规定进行编号。

表 1.3　板块编号

板类型	代号	序号
楼面板	LB	××
屋面板	WB	××
悬挑板	XB	××

板厚注写为 $h=$×××(为垂直于板面的厚度)。当悬挑板的端部改变截面厚度时，用斜线分隔根部与端部的高度值，注写为 $h=$×××/×××。当设计已在图注中统一注明板厚时，此项可不注。

贯通纵筋按板块的下部和上部分别注写(当板块上部不设贯通纵筋时则不注)，并以 B 代表下部，以 T 代表上部，B&T 代表下部与上部；X 向贯通纵筋以 X 开始，Y 向贯通纵筋以 Y 开始,两向贯通纵筋配置相同时则以 X&Y 开始。

当为单向板时,分布筋可不必注写,而在图中统一注明。

当在某些板内(例如在悬挑板 XB 的下部)配置有构造钢筋时,则 X 向以 Xc 开始注写,Y 向以 Yc 开始注写。

当 Y 向采用放射配筋时(切向为 X 向,径向为 Y 向),设计者应注明配筋间距的定位尺寸。

当贯通纵筋采用两种规格钢筋“隔一布一”方式时,表达为Φ *xx*/*yy*@×××,表示直径为 *xx* 的钢筋和直径为 *yy* 的钢筋两者之间的间距为×××,直径 *xx* 的钢筋的间距为×××的 2 倍,直径 *yy* 的钢筋的间距为×××的 2 倍。

板面标高高差是指相对于结构层楼面标高的高差,应将其注写在括号内,且有高差则注,无高差不注。

【例 1.15】 有一楼面板块注写为:LB5 h=110 B:XΦ12@120;YΦ10@110

表示 5 号楼面板,板厚 110mm,板下部配置的贯通纵筋 X 向为Φ12@120,Y 向为Φ10@110;板上部未配置贯通纵筋。

【例 1.16】 有一楼面板块注写为:LB5 h=110 B:XΦ10/12@100;YΦ10@110

表示 5 号楼面板,板厚 110mm,板下部配置的贯通纵筋 X 向为Φ10、Φ12 隔一布一,Φ10与Φ12 之间的间距为 100mm;Y 向为Φ10@110;板上部未配置贯通纵筋。

【例 1.17】 有一悬挑板注写为:XB2 h=150mm/100mm B:Xc&YcΦ8@200

表示 2 号悬挑板,板根部厚 150mm,端部厚 100mm,板下部配置构造钢筋双向均为Φ8@200(上部受力钢筋见板支座原位标注)。

(2) 同一编号板块的类型、板厚和贯通纵筋均应相同,但板面标高、跨度、平面形状以及板支座上部非贯通纵筋可以不同,如同一编号板块的平面形状可以为矩形、多边形及其他形状等。施工预算时,应根据其实际平面形状,分别计算各板块的混凝土与钢材用量。

3. 板支座原位标注

(1) 板支座原位标注的内容为板支座上部非贯通纵筋和悬挑板上部受力钢筋。

板支座原位标注的钢筋,应在配置相同跨的第一跨表达(当在梁悬挑部位单独配置时则在原位表达)。在配置相同跨的第一跨(或梁悬挑部位),垂直于板支座(梁或墙)绘制一段适宜长度的中粗实线(当该筋通长设置在悬挑板或短跨板上部时,实线段应画至对边或贯通短跨),以该线段代表支座上部非贯通纵筋,并在线段上方注写钢筋编号(如①、②等)、配筋值、横向连续布置的跨数(注写在括号内,且当为一跨时可不注),以及是否横向布置到梁的悬挑端。

【例 1.18】 XX 为横向布置的跨数,XXA 为横向布置的跨数及一端的悬挑梁部位,XXB 为横向布置的跨数及两端的悬挑梁部位。

板支座上部非贯通纵筋自支座中线向跨内的伸出长度,注写在线段的下方位置;当中间支座上部非贯通纵筋向支座两侧对称伸出时,可仅在支座一侧线段下方标注伸出长度,另一侧不注,如图 1.10(a)所示;当向支座两侧非对称伸出时,应分别在支座两侧线段下方注写伸出长度,如图 1.10(b)所示;对线段画至对边贯通全跨或贯通全悬挑长度的上部通长纵筋,贯通全跨或伸出至全悬挑一侧的长度值不注,只注明非贯通筋另一侧的伸出长度值,如图 1.10(c)所示。

在板平面布置图中,不同部位的板支座上部非贯通纵筋及悬挑板上部受力钢筋,可仅在一个部位注写,对其他相同者则仅需在代表钢筋的线段上注写编号及横向连续布置的跨数即可。此外,与板支座上部非贯通纵筋垂直且绑扎在一起的构造钢筋或分布钢筋,应在图中注明。

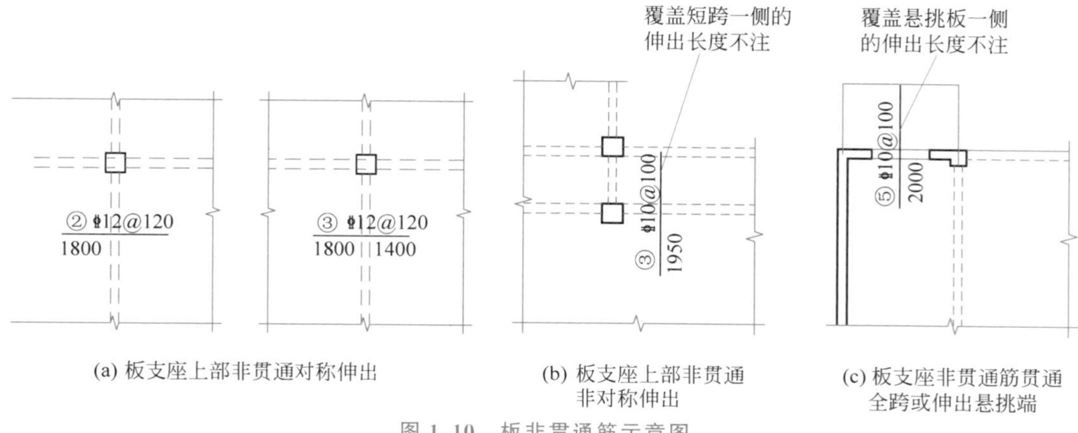

(a) 板支座上部非贯通对称伸出

(b) 板支座上部非贯通非对称伸出

(c) 板支座非贯通筋贯通全跨或伸出悬挑端

图 1.10　板非贯通筋示意图

(2) 当板的上部已配置有贯通纵筋，但需增配板支座上部非贯通纵筋时，应结合已配置的同向贯通纵筋的直径与间距采取"隔一布一"方式配置。"隔一布一"方式为非贯通纵筋的标注间距与贯通纵筋相同，两者组合后的实际间距为各自标注间距的 1/2。当设定贯通纵筋为纵筋总截面面积的 50%时，两种钢筋取不同直径。

【例 1.19】 板上部已配置贯通纵筋Φ 12@250，该跨同向配置的上部支座非贯通纵筋为⑤Φ 12@250，表示在该支座上部设置的纵筋实际为Φ 12@125，其中 1/2 为贯通纵筋，1/2 为⑤号非贯通纵筋(伸出长度值略)。

【例 1.20】 板上部已配置贯通纵筋Φ 10@250，该跨配置的上部同向支座非贯通纵筋为③Φ 12@250，表示该跨实际设置的上部纵筋为Φ 10 和Φ 12 间隔布置，两者之间间距为 125mm。

施工应注意：当支座一侧设置了上部贯通纵筋(在板集标注中以 T 开始)，而在支座另一侧仅设置了上部非贯通纵筋时，如果支座两侧设置的纵筋直径、间距相同，应将两者连通，避免各自在支座上部分别锚固。

4. 其他

(1) 板上部纵向钢筋在端支座(梁或圈梁)的锚固要求，《混凝土结构施工图平面整体表示方法制图规则和构造详图》(16G101—1)中规定：当设计按铰接时，平直段伸至端支座对边后弯折，且平直段长度≥$0.35l_{ab}$，弯折段长度 $15d$(d 为纵向钢筋直径)；当充分利用钢筋的抗拉强度时，平直段伸至端支座对边后弯折，且平直段长度≥$0.6l_{ab}$，弯折段长度 $15d$。设计者应在平法施工图中注明采用何种构造，当多数采用同种构造时可在图注中写明，并将少数不同之处在图中注明。

(2) 板纵向钢筋的连接可采用绑扎搭接、机械连接或焊接，其连接位置详见《混凝土结构施工图平面整体表示方法制图规则和构造详图》(16G101—1)中相应的标准构造详图。当板纵向钢筋采用非接触方式的绑扎搭接连接时，其搭接部位的钢筋净距不宜小于 30mm，且钢筋中心距不应大于 $0.2l_1$ 及 150mm 的较小者。

> **注：** 非接触搭接使混凝土能够与搭接范围内所有钢筋的全表面充分黏接，可以提高搭接钢筋之间通过混凝土传力的可靠度。

(3) 采用平面注写方式表达的楼面板平法施工图示例如图 1.11 所示，图中有 5 种楼板类型，相同类型的楼板只需标注一处的板配筋，同时要标出楼板的厚度。其中 5 轴、6 轴和 C 轴、D 轴围成的板，标高比其他板低 0.05m。

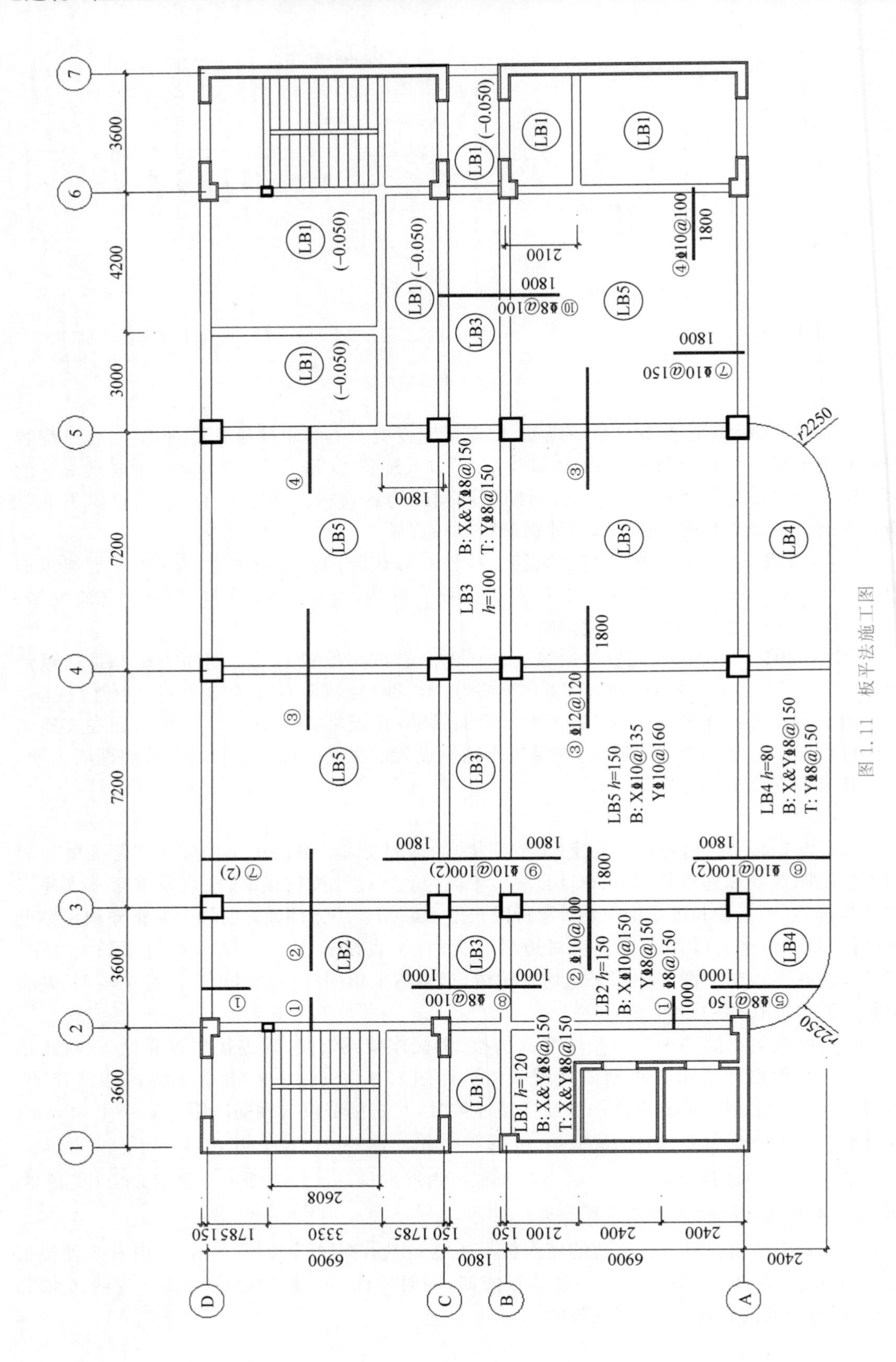
LB1 h=120
B: X&YΦ8@150
T: X&YΦ8@150
LB2 h=150
B: XΦ10@150
YΦ8@150
LB3
h=100
B: X&YΦ8@150
T: YΦ8@150
LB4 h=80
B: X&YΦ8@150
T: YΦ8@150
LB5 h=150
B: XΦ10@135
YΦ10@160
①Φ8@150
②Φ10@100
③Φ12@120
④Φ10@100
⑤Φ8@150
⑥Φ10@100(2)
⑦Φ10@150
⑧Φ8@100
⑨Φ10@100(2)
⑩Φ8@100
(−0.050)
r2250
3600
4200
3000
7200
6900
1800
2400

图 1.11 板平法施工图

1.2.4 混凝土剪力墙

1. 剪力墙平法施工图的表示方法

(1) 剪力墙平法施工图是指在剪力墙平面布置图上采用列表注写方式或截面注写方式表达。

(2) 剪力墙平面布置图可采用适当比例单独绘制,也可与柱或梁平面布置图合并绘制。当剪力墙较复杂或采用截面注写方式时,应按标准层分别绘制剪力墙平面布置图。

(3) 在剪力墙平法施工图中,应注明各结构层的楼面标高、结构层高及相应的结构层号,还应注明上部结构嵌固部位位置。

(4) 对于轴线未居中的剪力墙(包括端柱),应标注其偏心定位尺寸。

2. 列表注写方式

(1) 为表达清楚、简便,剪力墙可视为由剪力墙柱、剪力墙身和剪力墙梁三类构件构成。列表注写方式是指分别在剪力墙柱表、剪力墙身表和剪力墙梁表中,对应剪力墙平面布置图上的编号,用绘制截面配筋图并注写几何尺寸与配筋具体数值的方式,表达剪力墙平法施工图。

(2) 编号规定:将剪力墙按剪力墙柱、剪力墙身、剪力墙梁(简称为墙柱、墙身、墙梁)三类构件分别编号。

① 墙柱编号由墙柱类型代号和序号组成,表达形式应符合表 1.4 的规定。

表 1.4 墙柱编号

墙柱类型	代号	序号
约束边缘构件	YBZ	××××
构造边缘构件	GBZ	××
非边缘暗柱	AZ	×××
扶壁柱	FBZ	×××

注:约束边缘构件包括约束边缘暗柱、约束边缘端柱、约束边缘翼墙、约束边缘转角墙四种,如图 1.12(a)~(d)所示。构造边缘构件包括构造边缘暗柱、构造边缘端柱、构造边缘翼墙、构造边缘转角墙四种,如图 1.12(e)~(h)所示。

② 墙身编号由墙身代号、序号以及墙身所配置的水平与竖向分布钢筋的排数组成。其中,排数注写在括号内,表达形式为:Q××(×排)。

注:1. 在编号中,当若干墙柱的截面尺寸与配筋均相同,仅截面与轴线的关系不同时,可将其编为同一墙柱号;当若干墙身的厚度尺寸和配筋均相同,仅墙厚与轴线的关系不同或墙身长度不同时,也可将其编为同一墙身号,但应在图中注明与轴线的几何关系。

2. 当墙身所设置的水平与竖向分布钢筋的排数为 2 时可不注。

3. 对于分布钢筋网的排数规定如下。非抗震情况下,当剪力墙厚度大于 160mm 时,应配置双排;当其厚度不大于 160mm 时,宜配置双排。抗震情况下,当剪力墙厚度不大于 400mm 时,应配置双排;当剪力墙厚度大于 400mm,但不大于 700mm 时,宜配置三排;当剪力墙厚度大于 700mm 时,宜配置四排。各排水平分布钢筋和竖向分布钢筋的直径与间距宜保持一致。当剪力墙配置的分布钢筋多于两排时,剪力墙拉筋两端应同时勾住外排水平纵筋和竖向纵筋,还应与剪力墙内排水平纵筋和整向纵筋绑扎在一起。

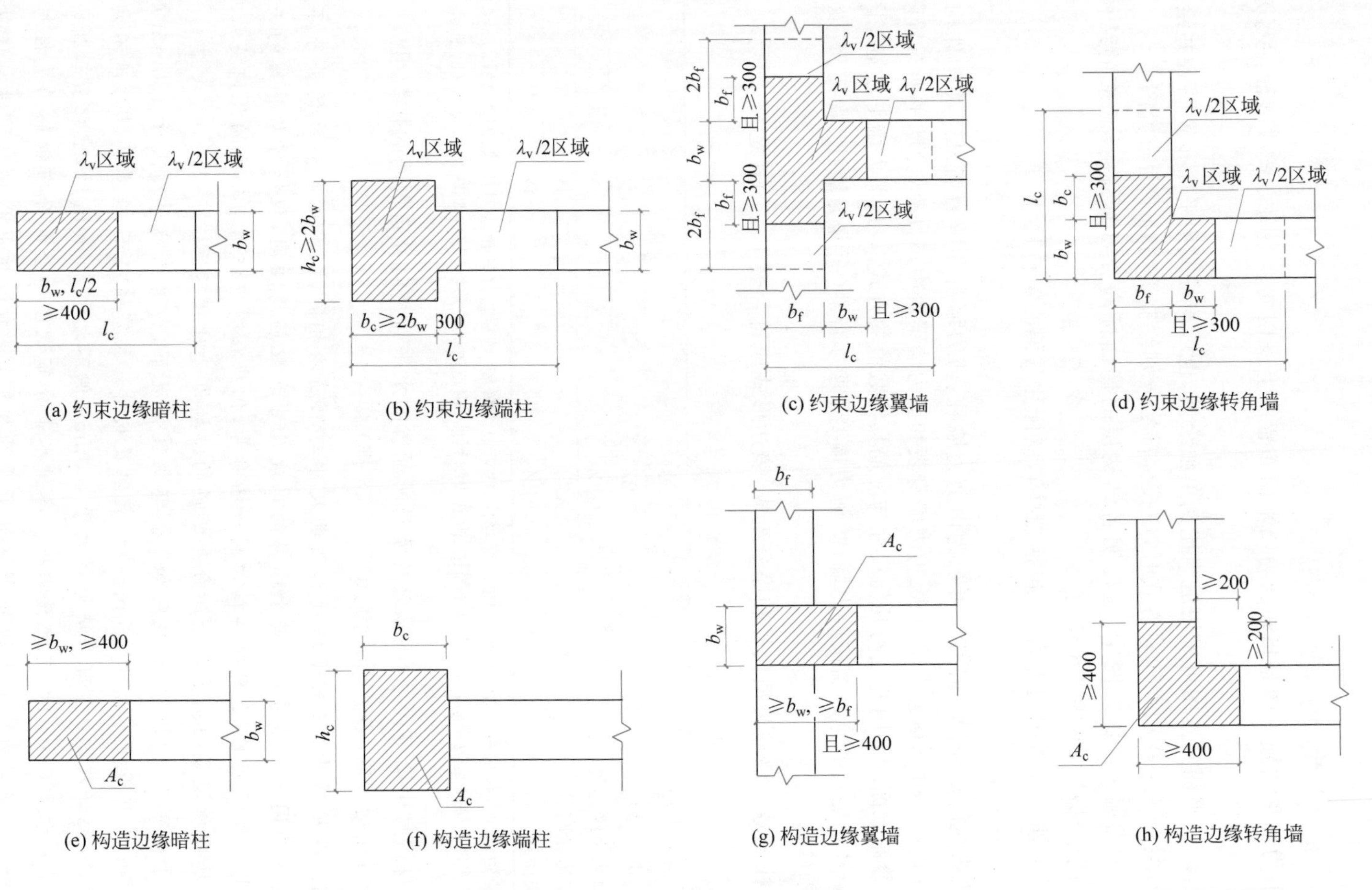

图1.12 约束边缘和构造边缘构件

③ 墙梁编号由墙梁类型代号和序号组成，表达形式应符合表 1.5 的规定。

表 1.5 墙梁编号

墙梁类型	代号	序号
连梁	LL	××
连梁(对角暗撑配筋)	LL(JC)	××
连梁(交叉斜筋配筋)	LL(JX)	××
连梁(集中对角斜筋配筋)	LL(DX)	××
暗梁	AL	××
边框梁	BKL	××

(3) 在剪力墙柱表中表达的内容，规定如下。

① 注写墙柱编号，如表 1.5 所示，绘制该墙柱的截面配筋图，标注墙柱几何尺寸。

a. 约束边缘构件如图 1.12(a)～(d)所示，需注明阴影部分尺寸。

注：剪力墙平面布置图中应注明约束边缘构件沿墙肢长度 l_c(约束边缘翼墙中沿墙肢长度尺寸为 $2b_f$ 时可不注)。

b. 构造边缘构件如图 1.12(e)～(h)所示，需注明阴影部分尺寸。

c. 扶壁柱及非边缘暗柱需标注几何尺寸。

② 注写各段墙柱的起止标高，自墙柱根部往上以变截面位置或截面未变但配筋改变处为界分段注写。墙柱根部标高一般指基础顶面标高(部分框支剪力墙结构即为框支梁的顶面标高)。

③ 注写各段墙柱的纵向钢筋和箍筋，注写值应与在表中绘制的截面配筋图对应一致。纵向钢筋注总配筋值，墙柱箍筋的注写方式与柱箍筋相同。约束边缘构件除注写阴影部位的箍筋外，尚需在剪力墙平面布置图中注写非阴影区内布置的拉筋(或箍筋)。

(4) 在剪力墙身表中表达的内容，规定如下。

① 注写墙身编号(含水平与竖向分布钢筋的排数)。

② 注写各段墙身的起止标高，自墙身根部往上以变截面位置或截面未变但配筋改变处为界分段注写。墙身根部标高一般指基础顶面标高(部分框支剪力墙结构即为框支梁的顶面标高)。

③ 注写水平分布钢筋、竖向分布钢筋和拉筋的具体数值。注写数值为一排水平分布钢筋和竖向分布钢筋的规格与间距，具体设置几排已经在墙身编号后面注明。拉筋应注明布置方式“双向”或“梅花双向”，如图 1.13 所示，(图中 a 为竖向分布钢筋间距，b 为水平分布钢筋间距)。

(5) 在剪力墙梁表中表达的内容，规定如下。

① 注写墙梁编号，如表 1.5 所示。

② 注写墙梁所在楼层号。

③ 注写墙梁顶面标高高差。它是指相对于墙梁所在结构层楼面标高的高差值。高于者为正值，低于者为负值，当无高差时不注。注写墙梁界面尺寸 $b\times h$，上部纵筋、下部纵筋和箍筋的具体数值。

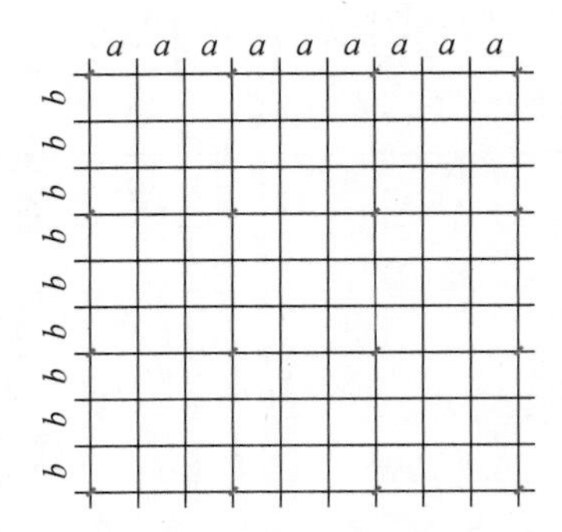

(a) 拉筋@3a3b双向(a<200mm、b<200mm)

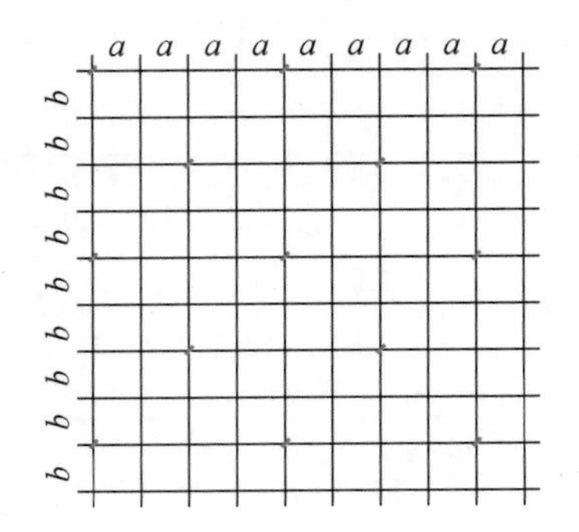

(b) 拉筋@4a4b双向(a<150mm、b<150mm)

图 1.13 "双向"拉筋与"梅花双向"拉筋示意图

④ 当连梁设有对角暗撑时[代号为 LL(JC)×],注写暗撑的截面尺寸(箍筋外皮尺寸);注写一根暗撑的全部纵筋,并标注 *2 表明有两根暗撑相互交叉,注写暗撑箍的具体数值。

⑤ 当连梁设有交叉斜筋时[代号为 LL (JX)×]。注写连梁一侧对角斜筋的配筋值,并标注 *2 表明对称设置;注写对角斜筋在连梁端部设置的拉筋根数、规格及直径,并标注 *4 表示四个角都设置;注写连梁一侧折线筋配筋值,并标注 *2 表明对称设置。

⑥ 当连梁设有集中对角斜筋时[代号为 LL(DX)××],注写一条对角线上的对角斜筋,并标注 *2 表明对称设置。

墙梁侧面纵筋的配置要求如下。当墙身水平分布钢筋满足连梁、暗梁及边框梁的梁侧面纵向构造钢筋的要求时,配置同墙身水平分布钢筋,表中不注,施工按标准构造详图的要求即可;当不满足时,应在表中补充注明梁侧面纵筋的具体数值(其在支座内的锚固要求同连梁中受力钢筋)。

(6) 采用列表注写方式分别表达剪力墙墙梁、墙身和墙柱的平法施工图,示例如图 1.14 所示。

3. 剪力墙洞口的表示方法

(1) 在剪力墙平面布置图上绘制洞口示意,并标注洞口中心的平面定位尺寸。

(2) 在洞口中心位置引注洞口编号和洞口几何尺寸。

(3) 洞口中心相对标高,4 洞口每边补强钢筋,共 4 项内容,具体规定如下。

① 洞口编号。矩形满口为 JD××(××为序号),圆形洞口为 YD××(××为序号)。

② 满口几何尺寸。矩形洞口:宽×洞高(b×h);圆形洞口为洞口直径 D。

③ 洞口中心相对标高。指相对于结构层楼(地)面标高的洞口中心高度。当其高于结构层楼面时为正值,低于结构层楼面时为负值。

④ 洞口每边补强钢筋,分以下几种不同情况:当矩形洞口的洞宽、洞高均不大于 800mm 时,此项注写为洞口每边补强钢筋的具体数值(如果按标准构造详图设置补强钢筋时可不注)。当洞宽、洞高方向补强钢筋不一致时,分别注写洞宽方向、洞高方向补强钢筋,以"/"分隔。

【例 1.21】 JD2 400×300 +3.100 3 ⌽ 14,表示 2 号矩形洞口,洞宽 400mm,洞高 300mm,洞口中心距本结构楼层面 3100mm,洞口每边补强钢筋 3 ⌽ 14。

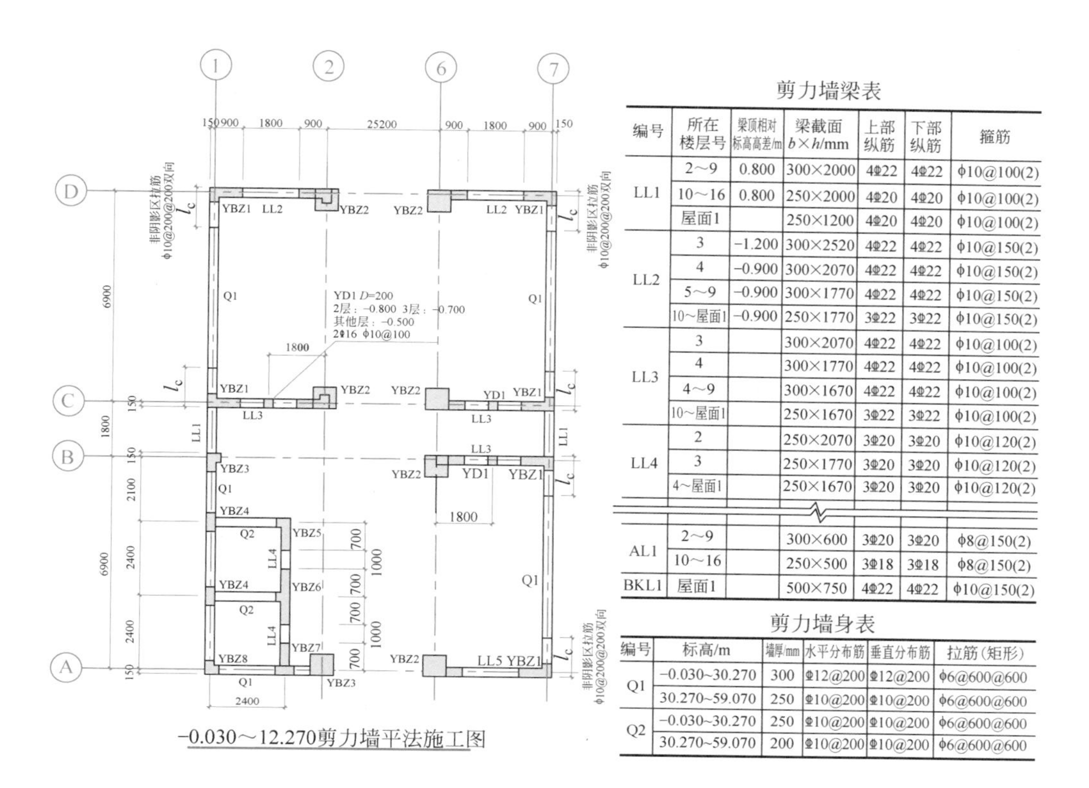

-0.030～12.270剪力墙平法施工图

剪力墙梁表

编号	所在楼层号	梁顶相对标高高差/m	梁截面 $b\times h$/mm	上部纵筋	下部纵筋	箍筋
LL1	2～9	0.800	300×2000	4Φ22	4Φ22	ϕ10@100(2)
	10～16	0.800	250×2000	4Φ20	4Φ20	ϕ10@100(2)
	屋面1		250×1200	4Φ20	4Φ20	ϕ10@100(2)
LL2	3	-1.200	300×2520	4Φ22	4Φ22	ϕ10@150(2)
	4	-0.900	300×2070	4Φ22	4Φ22	ϕ10@150(2)
	5～9	-0.900	300×1770	4Φ22	4Φ22	ϕ10@150(2)
	10～屋面1	-0.900	250×1770	3Φ22	3Φ22	ϕ10@150(2)
LL3	3		300×2070	4Φ22	4Φ22	ϕ10@100(2)
	4		300×1770	4Φ22	4Φ22	ϕ10@100(2)
	4～9		300×1670	4Φ22	4Φ22	ϕ10@100(2)
	10～屋面1		250×1670	3Φ22	3Φ22	ϕ10@100(2)
LL4	2		250×2070	3Φ20	3Φ20	ϕ10@120(2)
	3		250×1770	3Φ20	3Φ20	ϕ10@120(2)
	4～屋面1		250×1670	3Φ20	3Φ20	ϕ10@120(2)
AL1	2～9		300×600	3Φ20	3Φ20	ϕ8@150(2)
	10～16		250×500	3Φ18	3Φ18	ϕ8@150(2)
BKL1	屋面1		500×750	4Φ22	4Φ22	ϕ10@150(2)

剪力墙身表

编号	标高/m	墙厚/mm	水平分布筋	垂直分布筋	拉筋(矩形)
Q1	-0.030~30.270	300	Φ12@200	Φ12@200	ϕ6@600@600
	30.270~59.070	250	Φ10@200	Φ10@200	ϕ6@600@600
Q2	-0.030~30.270	250	Φ10@200	Φ10@200	ϕ6@600@600
	30.270~59.070	200	Φ10@200	Φ10@200	ϕ6@600@600

剪力墙身表

<table>
<tr><td>截面</td><td>1050
300
300
300</td><td>1200
300
600
600</td><td>900
300
600
600</td><td>300
250
300
300 300</td></tr>
<tr><td>名称</td><td>YBZ1</td><td>YBZ2</td><td>YBZ3</td><td>YBZ4</td></tr>
<tr><td>高程</td><td>-0.030～12.270</td><td>-0.030～12.270</td><td>-0.030～12.270</td><td>-0.030～12.270</td></tr>
<tr><td>主筋</td><td>24Φ20</td><td>22Φ20</td><td>18Φ22</td><td>20Φ20</td></tr>
<tr><td>箍筋</td><td>ϕ10@100</td><td>ϕ10@100</td><td>ϕ10@100</td><td>ϕ10@100</td></tr>
<tr><td>截面</td><td>550
250
825
250</td><td colspan="2">250
300
250
1400</td><td>300
600
300
600</td></tr>
<tr><td>名称</td><td>YBZ5</td><td colspan="2">YBZ6</td><td>YBZ7</td></tr>
<tr><td>高程</td><td>-0.030～12.270</td><td colspan="2">-0.030～12.270</td><td>-0.030～12.270</td></tr>
<tr><td>主筋</td><td>20Φ20</td><td colspan="2">28Φ20</td><td>16Φ20</td></tr>
<tr><td>箍筋</td><td>ϕ10@100</td><td colspan="2">ϕ10@100</td><td>ϕ10@100</td></tr>
<tr><td></td><td></td><td colspan="2"></td><td></td></tr>
</table>

-0.030～12.270剪力墙平法施工图(部分剪力墙柱表)

图 1.14　剪力墙平法施工图示例

【例 1.22】 JD5 1800×2100 +1.800 6 ⌀20 ⌀8@150，表示 5 号矩形洞口，洞宽 1800mm、洞高 2100mm，洞口中心距本结构层楼面 1800mm，洞口上下设补强暗梁，每边暗梁纵筋为 6 ⌀20，箍筋为⌀8@150。

【例 1.23】 YD5 1000 +1.800 6 ⌀20 ⌀8@150 2 ⌀16，表示 5 号圆形洞口，直径 1000mm，洞口中心距本结构层楼面 1800mm，洞口上下设补强暗梁，每边暗梁纵筋为 6 ⌀20，箍筋为⌀8@150，环向加强钢筋 2 ⌀16。

练 习 题

1. 结构施工图中尺寸和标高的单位有哪些不同？
2. 剪力墙由哪几类组成？
3. 梁平法施工图中，简述平面注写的注意事项。
4. 当梁下部纵筋多于 1 排时，注写为 7 ⌀25 3/4 和 7 ⌀25（−3）/4，请用文字表述其表达的含义。
5. 结构施工图中的梁平法标注中 G 和 N 分别代表什么含义？

第2章 BIM技术及在建筑工程施工中的应用

2.1 BIM 技术简介

建筑信息模型(Building Information Modeling,BIM)最早由“BIM 之父”——美国佐治亚理工大学的 Chuck Eastman 博士于 1975 年提出,是一种应用于工程设计、建造、管理的数据化工具。目前,BIM 的定义和解释有多种版本,并没有形成统一的理解。Eastman 认为,BIM 不仅包括建筑物几何、功能、构件性能等信息,还应包括建造过程、施工进度、维护管理等过程信息,建筑全生命周期内的信息都应该整合到建筑模型中。Autodesk 公司提出,建筑信息模型是在建筑物的设计和建造过程中,创建和使用的“可计算数码信息”。根据美国国家 BIM 标准(NBIMS)的相关定义,BIM 具有以下含义。

(1) BIM 是一个设施(建设项目)物理和功能特性的数字表达。

(2) BIM 是一个共享的知识资源,可分享有关这个设施的信息,为该设施从概念到拆除的全生命周期中的所有决策提供可靠依据的过程。

(3) 在设施的不同阶段,不同利益相关方通过在 BIM 中插入、提取、更新和修改信息,以支持和反映其各自职责的协同作业。

BIM 是一个智能化的建筑物 3D 模型,它能够连接建筑全生命周期不同阶段的数据、过程和资源,是对工程对象的完整描述,可被建设项目各参与方使用,帮助项目团队提升决策的效率与正确性。BIM 技术借助计算机系统的强大运算能力,通过对建筑的数据化、信息化模型整合,在项目策划、运行和维护的全生命周期过程中进行共享和传递,使工程技术人员对各种建筑信息作出正确理解和高效应对,为设计团队以及包括建筑、运营单位在内的各方建设主体提供协同工作的基础,在提高生产效率、节约成本和缩短工期方面发挥重要作用。总体来说,BIM 一般具备如下特征。

(1) 模型信息的完备性。除了对工程对象进行 3D 几何信息和拓扑关系的描述之外,还包括完整的工程信息描述,如对象名称、结构类型、建筑材料、工程性能等设计信息;施工工序、进度、成本、质量以及人力、机械、材料资源等施工信息;工程安全性能、材料耐久性能等维护信息;对象之间的工程逻辑关系等。

(2) 模型信息的关联性。信息模型中的对象是可识别且相互关联的,系统能够对模型信息进行统计和分析,并生成相应的图形和文档。如果模型中的某个对象发生变化,与之关联的所有对象都会随之更新,以保持模型的完整性。

(3) 模型信息的协调一致性。虽然建设项目全过程涉及的利益相关者众多,项目周期长,信息交互量大,但 BIM 技术具有较好的信息协调性,可使数据之间的关联或交互具有实时性和一致性。任何对模型数据的更改都会反馈到数据库中,保证数据库中信息的完整,提高各方数据传输效率。

(4) 建筑模型的可模拟性。模拟性不仅局限于对建筑物的三维模型展示,还能模拟一些在现实工作中难以进行的操作,比如在设计阶段能进行节能模拟、日照模拟、传热模拟等;在施工阶段可进行施工模拟、5D模拟等;在运营阶段可进行逃生模拟、疏散模拟等。

(5) 建筑模型的可优化性。建设项目从设计、施工到运营全过程是一个不断优化的过程。BIM模型中包含了大量真实的建筑物相关信息,利用BIM技术及各类优化工具可进行复杂项目的优化,比如项目建设方案优化、设计方案优化等。

(6) 建筑模型的可出图性。可出图性是指在完成建筑物三维建模之后,可对三维模型进行可视化展示、模拟、优化及协调操作。在此基础上不仅可以进行建筑平面、立面、剖面图及详图的输出,还能输出综合管线图、结构留洞图和碰撞检查报告及改进方案。

(7) 建筑模型的参数化。参数化是指建立的BIM模型中图元是通过参数的设置反映出来的。数字化建筑构件所有信息均以参数的形式进行保存,用户可通过调整参数实现对模型的改变。参数化设计可以较大地提高模型的生成和修改速度。

(8) 建设管理的一体化。一体化是指从设计、施工再到运营全过程利用BIM技术对建设项目进行一体化管理。

(9) 操作可视化。相较于传统的CAD技术,BIM技术的操作是基于可视化的环境下完成的。BIM不仅能在可视化的环境下进行建筑设计、碰撞检查、施工模拟等三维操作,还能根据实际需求将一些抽象的信息或建设运营过程中的动态关系展示出来,有利于提高生产效率,实现在可视化状态下对建设项目全过程的管理决策。

2.2 BIM典型应用软件简介

BIM技术的出现,标志着建筑行业新一代基础性变革时代的到来。一方面,要发挥BIM技术的突破性功能,BIM软件及工具的开发与应用至关重要。目前,国内外相关软件公司相继开发出了上百种不同类型的BIM软件或者应用工具,以满足建设项目不同阶段的不同需求。另一方面,BIM是特定设施(建设项目)物理和功能特性的数字表达,并不是一个或者多个软件的简单堆积,而是建模、设计、模拟、分析等多种类型软件实施效果的叠加。一般来说,BIM软件根据功能划分,可以分成BIM基础建模软件、BIM建筑分析软件、BIM协同平台软件三类。

1. BIM基础建模软件

BIM基础建模软件是BIM应用中最基础的软件。它是指基于BIM基本原理开发编程的、具有创建、修改三维模型等功能的软件,在BIM软件体系中处于最核心的位置。目前,BIM基础建模软件较为成熟,市场占有率较高。近年来,国内公司也逐步在这个领域发力,开发出了部分产品。常见BIM基础建模软件包括以下几种。

(1) Revit系列软件。Revit系列软件是美国Autodesk公司面向建筑行业开发的三维设计软件,包括Revit Architecture、Revit Structure和Revit MEP三个工具模块,可用于建模、三维设计、出图等,是世界范围内应用最广泛的BIM基础建模软件之一。

(2) Bentley 系列 BIM 软件。Bentley 公司的系列软件包括 Bentley Architecture、Bentley Structural、Bentley Building Mechanical 等。Bentley 系列软件在工业建筑设计和基础设施领域具有独特的优势,其功能模块涵盖建筑、结构、电气、钢结构、电气等多个专业,能够在规划、设计、建造、运维等多个阶段实现设计、分析、计算协同工作的目标,形成了一个涵盖全专业、全生命周期的建筑行业整体解决方案。

(3) Trimble 系列 BIM 软件。Trimble 系列 BIM 软件包括 Trimble Building、SketchUp、Tekla 等,致力于提供从设计、建造到运营的建筑全生命周期整体解决方案。其中,SketchUp 软件在三维建筑设计方案创作方面优势明显,Tekla 软件在钢结构工程中应用广泛。

(4) Graphisoft 公司的 ArchiCAD 系列软件。ArchiCAD 软件是一个备受各国设计人员青睐和欢迎的 BIM 基础建模软件,在世界范围内有较大影响。

(5) 国内 BIM 基础建模软件。近年来,随着 BIM 技术在我国的逐步推广与应用,我国部分企业开始独立或者与国外公司合作开发 BIM 基础建模软件,典型的包括广联达 BIM 软件、品茗 HiBIM 软件、清华斯维尔 UniBIM 软件等。

2. BIM 建筑分析软件

除 BIM 基础建模软件外,还有一类软件通过和 BIM 核心建模软件进行不同程度上的信息交换,以满足不同的 BIM 分析需求,帮助项目的不同参与方利用 BIM 技术达到应用的目的,如日照分析、机电分析等。这类软件功能多种多样,统称为 BIM 建筑分析软件。按照所满足分析功能的不同,可以将 BIM 建筑分析软件划分为以下几种。

(1) 方案设计软件:主要包括 SketchUp、Maya、Rhino、Onuma Planning System、Affinity 等。

(2) 结构分析软件:主要包括 ETABS、STAAD、Robot、PKPM 等。

(3) 机电分析软件:主要包括 Trane Trace、鸿业、博超等。

(4) 碰撞检测软件:主要包括 Autodesk Navisworks、Bentley Projectwise、Navigator 等。

(5) 可视化软件:主要包括 3D Max、Artlantis、Lumion 等。

(6) 施工安全类软件:主要包括品茗脚手架、模板、塔式起重机等系列施工安全管理软件,施工场布软件(品茗、广联达)等。

(7) 运维管理软件:主要包括 ArchiBUS、FacilityONE 等。

3. BIM 协同平台软件

BIM 协同平台软件是指 BIM 技术结合云计算、互联网等信息技术,依托三维引擎和轻量化技术,对 BIM 模型和其他相关信息进行可视化管理,为项目各参与方提供信息共享的平台。目前,市场占有率较大的软件产品主要包括 Autodesk A360 云平台、瑞斯图(Revizto)云平台、广联达 BIM 5D 等。

2.3 BIM 在建筑工程施工中的应用

BIM 技术的有效应用促进了建设工程质量、安全、进度和成本的协同管理,解决了传统技术在施工阶段出现的问题,提升了企业的精细化管理水平。BIM 模型是一个涵盖建筑物所有信息的数据库，在 3D 模型的基础上加上时间和成本两个维度后，可以实现建设项目更全面的施工管理。本节从深化设计、数字化建造、虚拟施工、云平台管理等方面，阐述 BIM 技术在建筑工程施工中的应用。

1. 基于 BIM 技术的深化设计

深化设计是指施工单位或施工总承包单位对建设单位提供的施工图纸进行更细致的优化过程。在深化设计过程中，需要对各专业设计图纸进行综合协调、修订和复核，最终形成更加详细的施工图纸。深化设计作为设计中的重要环节，能够最大限度地弥补方案设计中的不足，有效解决施工现场和方案设计的冲突。随着工程技术的飞速发展，项目所包含的信息量越来越多，BIM 作为共享的信息资源平台，可以支持项目的不同参与方通过在 BIM 中插入、提取、更新和修改各种信息，完成各自职责的协同工作。BIM 具有的这种集成和全生命周期的管理优势，对于深化设计具有重要的意义。利用 BIM 可以很好地解决深化设计过程中的信息冲突问题，保证深化设计能够准确地体现设计意图并进行效果还原，如图 2.1 所示。

图 2.1 管线排布深化设计示意图

2. 基于 BIM 技术的建筑构件数字化加工

在对建筑模型完成深化设计后，BIM 的应用可使建筑信息得以延续，确保深化设计信息到数字化加工信息的传递。目前大多数施工企业仍采用传统的加工技术，设计师利用 CAD 图纸手绘或者画图软件生成加工详图，再经过加工、配送等环节，增加了加工出错率，而且在建筑项目日益复杂的今天，传统的加工方法已无法满足工作的需求。

基于 BIM 技术的数字化加工理念是将需要加工的 BIM 模型构件所包含的信息精确、不遗漏地传递给加工方。信息的准确性和完备性，省去了在数字化加工阶段信息的创建、管理、传递等工作。此外，BIM 模型、加工制造、运输、存放、安装的全程跟踪等手段为基于 BIM 的数字化建造奠定了基础，如图 2.2 所示。因此，基于 BIM 技术的数字化加工技术能够实现施工企业精细建造的企业目标，不仅能够提高企业建筑施工效率，还能够推动建筑行业的健康可持续发展。

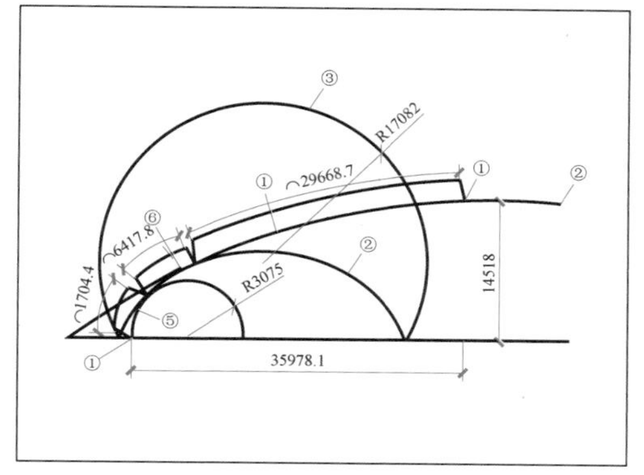

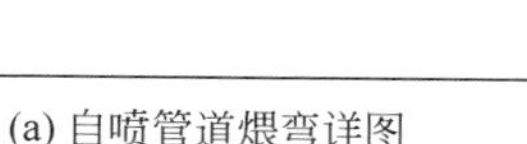

(a) 自喷管道煨弯详图

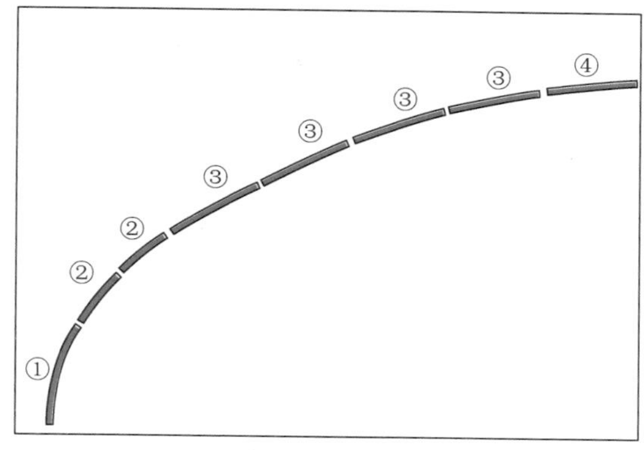

(b) 管道拆分详图

编号	弧长L/mm	半径R/mm	材料	详图
①	L=4700	R=6075	DN150加厚镀锌钢管	⌒4700
②	L=3210	R=17087	DN150加厚镀锌钢管	⌒3210
③	L=6000	R=79896	DN150加厚镀锌钢管	⌒6000
④	L=5900	R=79896	DN150加厚镀锌钢管	⌒5900

(c) 管道半径及材料

序号	名称	尺寸/mm
①	变曲率管段	L=41140
②	②拟合圆	R=79896
③	③拟合圆	R=17087
④	④拟合圆	R=6075
⑤	管段	L=4764
⑥	管段	R=6417
⑦	管段	R=29956

(d) 管段尺寸

图 2.2　基于 BIM 技术的钢结构数字化加工

3. 基于 BIM 技术的虚拟施工

基于 BIM 技术的虚拟施工建造管理技术是在计算机上模拟建筑项目建造过程的虚拟实施，为项目的各参与方提供一种耗费小、可控制、低风险、无破坏、并能多次重复的试验方法。这种虚拟建造技术能显著提高建造水平，消除建造过程中的隐患，预防建筑事故，降低施工成本和时间，极大地提高了施工企业在建造过程中决策、控制及优化的能力。基于 BIM 技术的虚拟施工主要包括预制构件的虚拟拼装和施工方案的虚拟实施两个方面。

利用 BIM 技术能够实现预制混凝土构件、钢结构构件、幕墙工程、机电设备安装工程的虚拟拼装，从而发现问题并及时优化，加强施工管理者对建设项目的动态控制。在施工过程中，可以将施工现场数据与 BIM 模型数据进行实时对比，发现偏差及时调整模型并采取相应的措施，通过将实际施工情况与 BIM 模型进行对比来调整施工方案及施工计划，纠正偏差，以提高施工企业控制能力，改善施工质量，确保施工安全，如图 2.3 所示。

基于 BIM 的施工方案模拟是基于三维 BIM 模型，借助可视化设备，按照工程项目的施工进度计划，对施工项目进行虚拟描述，通过反复模拟施工过程，发现可能存在的问题及风险，并根据问题对 BIM 模型和施工方案进行修改，提前制定应对措施，从而确保施工项目顺利开展。具体来说，BIM 的施工方案模拟可以实现专项施工方案设计与优化、施工现场布置方案设计、关键施工工艺展示、动态施工过程模拟等，如图 2.4～图 2.6 所示。

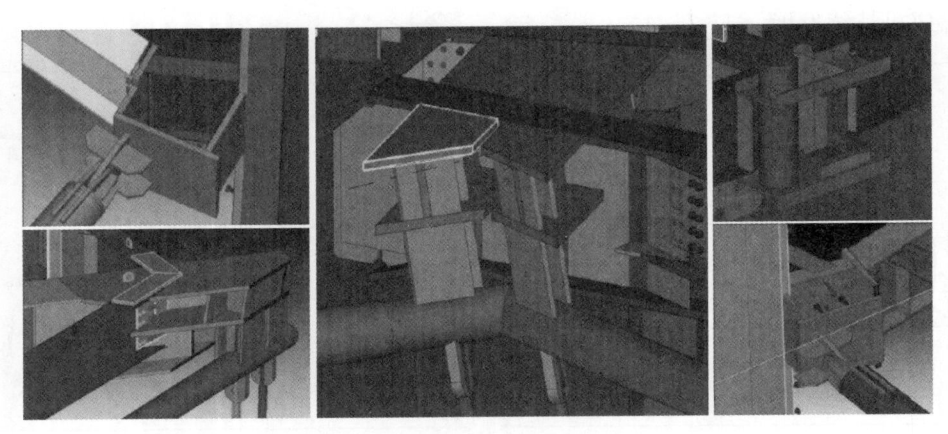

图 2.3　钢结构虚拟拼装施工模拟

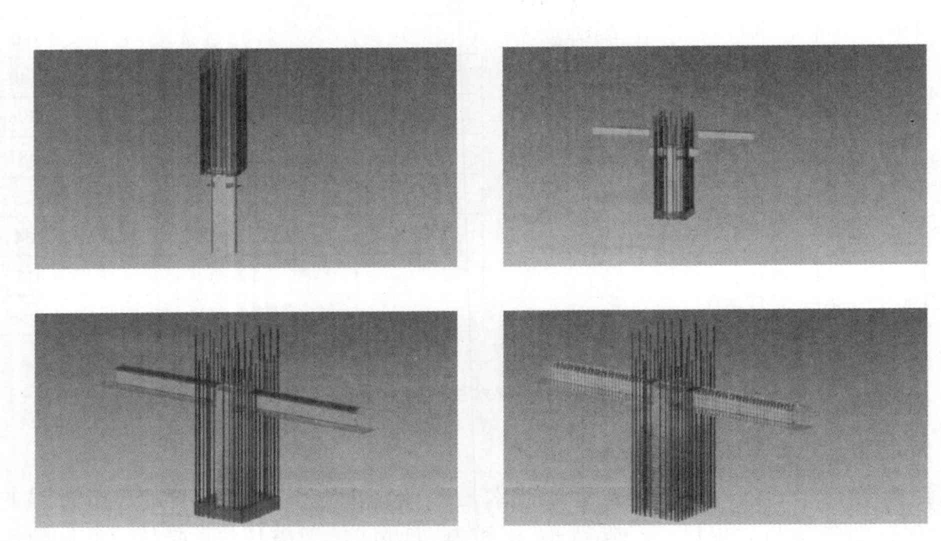

图 2.4　型钢柱梁节点施工模拟

图 2.5　土建结构施工场景模拟

图 2.6　土建结构施工模拟

4. 基于 BIM 技术的建设项目管理与目标控制

在传统的项目管理模式中，受二维图纸、动态管理信息在信息集成和信息传输与共享方面的限制，建筑行业缺乏一个满足建设项目管理与控制需要的信息共享平台，导致项目信息较为零散，项目管理人员沟通协调工作量较大，项目管理与控制绩效较差。BIM 技术的出现为建设项目管理与目标控制绩效的改善奠定了基础。目前，BIM 技术已经深入项目管理的各个方面，在工程项目文档及流程的协同管理、图纸变更的协同管理、质量安全协同管理、现场数据采集与关联、资源协同动态管理等方面发挥着重要的作用，如图 2.7 所示。

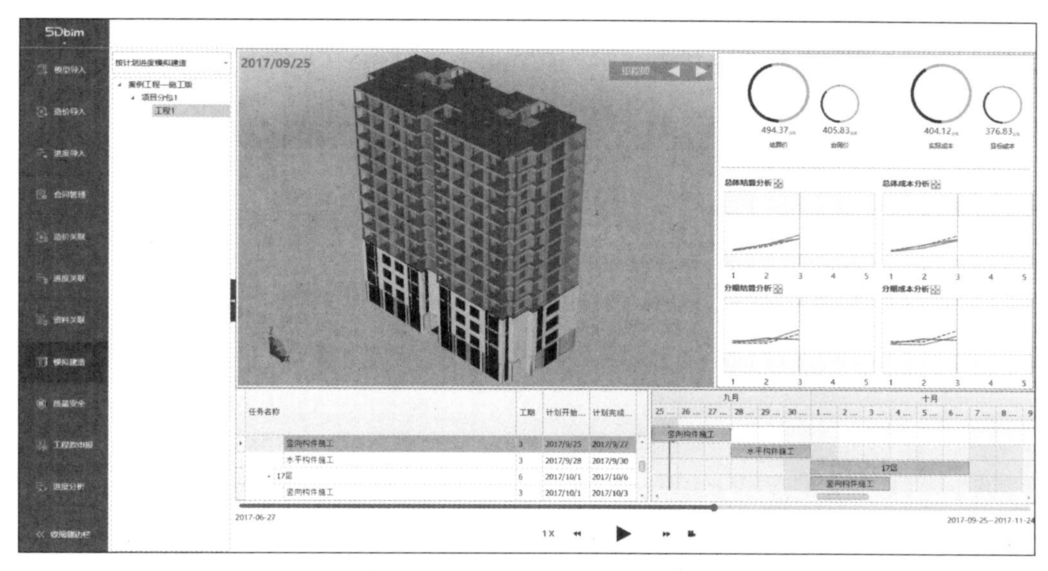

图 2.7　基于 BIM 5D 技术的建设项目管理与控制

练　习　题

1. 什么是 BIM？BIM 有哪些特点？
2. BIM 技术在建筑工程施工中的应用主要在哪些方面？
3. BIM 施工模拟有什么作用？

第3章 装配式建筑施工介绍

3.1 装配式建筑基本概念

3.1.1 装配式建筑的定义

装配式建筑是指预先在生产厂生产完成预制构件，比如板、柱、梁等构件，然后运输到施工现场，最后在施工现场进行现场装配，拼接而成建筑物。

装配式“建筑”的历史可追溯到远古时期使用的帐篷，人们以兽皮为“墙、板”，以木头为“梁、柱”，围成“房子”，走到哪里就将装配式“建筑”建在哪里，像游牧民族的蒙古包(见图3.1)一样沿用至今。

图3.1 蒙古包

3.1.2 装配式建筑发展简介

1. 国外发展情况

欧洲是最早应用装配式建筑的地区。早在17世纪开发新大陆时期向美洲移民时，人们就选用木架拼装房屋，这属于一种最简单的装配式建筑——木结构装配式建筑。欧洲以法国和德国为代表，经过30多年发展，法国的装配式建筑不断发展，许多住宅楼、学校、体育场、办公楼等公共建筑都应用了装配式建筑。

德国在第二次世界大战后，很多房屋遭到破坏，为了解决住房紧缺的问题，住宅产业化在德国快速发展，至今，德国的住宅产业化技术已经非常成熟。对于施工现场所需要的建筑构件和装饰材料，都可以在工厂完成预制，当工地需要时，只要将预配构件运到施工现场，然后再通过吊车进行吊装、就位、固定即可，大大缩短了施工工期。

瑞典研究装配式建筑较早，其装配式建筑的发展较好。早在20世纪60年代，瑞典就基本实现了有关部件规格方面的建筑工业化标准，这有利于部件生产更加标准、多样化及应用更加广泛，同时也使建筑工业化发展更加迅速。同时，瑞典政府也制定了一些相关规范制度，以完善装配式建筑。目前瑞典已有80%的住宅采用装配式建筑，并将其工业化生产的模式传播到其他国家。

在美国，装配式建筑被广泛推广应用。装配式住宅盛行于20世纪70年代。1976年，美国国会通过了国家工业化住宅建造及安全法案，同年出台一系列严格的行业规范标准，一直沿用至今。除注重质量外，现在的装配式住宅更加注重美观、舒适性及个性化。据美国工业化住宅协会统计，2001年美国的装配式住宅已经达到了1000万套，占美国住宅总量的7%。美国大城市住宅的结构类型以混凝土装配式住宅和钢结构装配式住宅为主，小城镇多以轻钢结构、木结构住宅为主。美国住宅用构件和部品的标准化、系列化、专业化、商品化、社会化程度很高，几乎达到100%。用户可通过产品目录买到所需的产品。这些构件结构性能好，有很大的通用性，也易于机械化生产。

日本于1968年就提出了装配式住宅的概念。1990年推出了采用部件化、工业化生产方式、高生产效率、住宅内部结构可变、适应居民多种不同需求的中高层住宅生产体系。在推进规模化和产业化结构调整进程中，住宅产业经历了从标准化、多样化、工业化到集约化、信息化的不断演变和完善过程。日本每隔五年都会颁布一项住宅建设五年计划，每一个五年计划都有明确地促进住宅产业发展和性能品质提高方面的政策和措施。政府强有力的干预和支持对住宅产业的发展起到了重要作用，如通过立法确保预制混凝土结构的质量，坚持技术创新，制定了一系列住宅建设工业化的方针、政策，建立统一的模数标准，解决了标准化、大批量生产和住宅多样化之间的矛盾。

2. 国内发展情况

20世纪50年代，装配式建筑在我国慢慢出现，装配式建筑的观念也在慢慢传播。到80年代，预制屋面梁、预制屋面板等构件在一些工程中开始使用，但是由于当时技术水平有限，造成建筑的质量不尽如人意，出现很多问题，如楼(屋)面板的密封效果不好，防水措施不完善，以致出现漏水、隔声效果不好等现象，所以装配式建筑没有得到很大的发展。直到90年代，相关施工技术得到一定的改善，管理水平也有了很大的提高，预制装配式建筑才被提及，并开始进一步的发展。

2016年2月，国务院发布了《中共中央国务院关于进一步加强城市规划建设管理工作的若干意见》，文件指出“用10年左右时间，使装配式建筑占新建建筑的比例达到30%”，意在不断加快装配式建筑的发展。随之，很多省份、直辖市及地方政府出台了相应政策，意在推动装配式建筑的快速发展。

3.1.3 装配式建筑术语及评价标准

1. 建筑术语

1）装配式建筑

指结构系统、外围护系统、设备与管线系统、内装系统的主要部分采用预制部品、部件集成的建筑。

2）装配式混凝土建筑

指建筑的结构系统由混凝土部件（预制构件）构成的装配式建筑。

3）建筑系统集成

以装配化建造方式为基础，统筹策划、设计、生产和施工等，实现建筑结构系统、外围护系统、设备与管线系统、内装系统一体化的过程。

4）集成设计

建筑结构系统、外围系统、设备与管线系统、内装系统一体化的设计。

5）协同设计

装配式建筑设计中通过建筑、结构、设备、装修等专业互相配合，并运用信息化技术手段，满足建筑设计、生产运输、施工安装等要求的一体化设计。

6）结构系统

由结构构件通过可靠的连接方式装配而成，以承受或传递荷载作用的整体。

7）外围护系统

由建筑外墙、屋面、外门窗及其他部品、部件等组合而成，用于分隔建筑室内外环境的部品、部件的整体。

8）设备与管线系统

由给水排水、供暖通风空调、电气和智能化、燃气等设备与管线组合而成，满足建筑使用功能的整体。

9）内装系统

由楼地面、墙面、轻质隔墙、吊顶、内门窗、厨房和卫生间等组合而成，满足建筑空间使用要求的整体。

10）部件

在工厂或现场预先生产制作完成，构成建筑结构系统的结构构件及其他构件的统称。

11）部品

由工厂生产，构成外围护系统、设备与管线系统、内装系统的建筑单一产品或复合产品组装而成的功能单元的统称。

12）管线分离

将设备与管线设置在结构系统之外的方式。

13）预制混凝土构件

在工厂或现场预先生产制作的混凝土构件，简称预制构件。

14）装配式混凝土结构

由预制混凝土构件通过可靠的连接方式装配而成的混凝土结构。

15）装配整体式混凝土结构

由预制混凝土构件通过可靠的连接方式进行连接，并与现场后浇混凝土、水泥基灌浆料形成整体的装配式混凝土结构，简称装配整体式结构。

16）混凝土叠合受弯构件

预制混凝土梁、板顶部在现场后浇混凝土而形成的整体受弯构件，简称叠合受弯构件。

17）预制外挂墙板

安装在主体结构，起围护、装饰作用的非承重预制混凝土外墙板，简称外挂墙板。

18）钢筋套筒灌浆连接

在金属套筒中插入单根带肋钢筋并注入灌浆料拌合物，通过拌合物硬化形成整体并实现传力的钢筋对接连接方式。

19）钢筋浆锚搭接连接

在预制混凝土构件中预留孔道，在孔道中插入需搭接的钢筋，并灌注水泥基灌浆料而实现的钢筋搭接连接方式。

20）水平锚环灌浆连接

同一楼层预制墙板拼接处设置后浇段，预制墙板侧边甩出钢筋锚环，并在后浇段内相互交叠而实现的预制墙板竖缝连接方式。

2. 评价标准

为推进装配式建筑的健康发展，以“立足当前实际，面向未来发展，简化评价操作”为原则，从建筑系统及建筑的基本性能、使用功能等方面提出装配式建筑评价方法和指标体系。评价标准体现了现阶段装配式建筑发展的重点推进方向：①主体结构由预制部品、部件的应用向建筑各系统集成转变；②装饰、装修与主体结构的一体化发展，推广全装修，鼓励装配化装修方式；③部品、部件的标准化应用和产品集成。

评价标准中按如下要求对装配式项目进行评价及等级划分。

(1) 主体结构竖向构件中预制部品、部件的应用比例不低于35%时，可进行装配式建筑等级评价。

(2) 装配式建筑评价等级应划分为A级、AA级、AAA级，并应符合下列规定：

① 装配率为60%～75%时，评价为A级装配式建筑；

② 装配率为76%～90%时，评价为AA级装配式建筑；

③ 装配率为91%及以上时，评价为AAA级装配式建筑。

3. 装配率计算方法

(1) 装配率应根据表3.1中评价分值，按下式计算。

$$P=\frac{Q_1+Q_2+Q_3}{100-Q_4}\times 100\% \tag{3.1}$$

式中：P——装配率；

Q_1——主体结构指标实际得分值；

Q_2——围护墙和内隔墙指标实际得分值；

Q_3——装修和设备管线指标实际得分值；

Q_4——评价项目中缺少的评价项分值总和。

表 3.1　装配式建筑评分表

评　价　项		评价要求	评价分值	最低分值
主体结构（50分）	柱、支撑、承重墙、延性墙板等竖向构件	35%≤比例≤80%	20～30*	20
	梁、板、楼梯、阳台、空调板等构件	70%≤比例≤80%	10～20*	
围护墙和内隔墙（20分）	非承重围护墙非砌筑	比例≥80%	5	10
	围护墙与保温、隔热、装饰一体化	50%≤比例≤80%	2～5*	
	内隔墙非砌筑	比例≥50%	5	
	内隔墙与管线、装修一体化	50%≤比例≤80%	2～5*	
装修和设备管线（30分）	全装修	—	6	6
	干式工法楼面、地面	比例≥70%	6	—
	集成厨房	70%≤比例≤90%	3～6*	
	集成卫生间	70%≤比例≤90%	3～6*	
	管线分离	50%≤比例≤70%	3～6*	

注：表中带“*”项的分值采用内插法计算，计算结果取小数点后1位。

（2）柱、支撑、承重墙、延性墙板等主体结构竖向构件主要采用混凝土材料时，预制部品、部件的应用比例应按下式计算：

$$q_{1a}=\frac{V_{1n}}{V}\times 100\% \tag{3.2}$$

式中：q_{1a}——柱、支撑、承重墙、延性墙板等主体结构竖向构件中预制部品、部件的应用比例；

V_{1n}——柱、支撑、承重墙、延性墙板等主体结构竖向构件中预制混凝土体积之和，符合（3）条规定的预制构件间连接部分的后浇混凝土也可计入计算；

V——柱、支撑、承重墙、延性墙板等主体结构竖向构件混凝土总体积。

（3）当符合下列规定时，主体结构竖向构件之间连接部分的后浇混凝土可计入预制混凝土体积计算。

① 预制剪力墙板之间宽度不大于600mm的竖向现浇段、高度不大于300mm的水平后浇带、圈梁的后浇混凝土体积。

② 预制框架柱和框架梁之间柱梁节点区的后浇混凝土体积。

③ 预制柱间高度不大于柱截面较小尺寸的连接区后浇混凝土体积。

（4）梁、板、楼梯、阳台、空调板等构件中预制部品、部件的应用比例应按下式计算：

$$q_{1b}=\frac{A_{1b}}{A}\times 100\% \tag{3.3}$$

式中：q_{1b}——梁、板、楼梯、阳台、空调板等构件中预制部品、部件的应用比例；

A_{1b}——各楼层中预制装配梁、板、楼梯、阳台、空调板等构件的水平投影面积之和；

A——各楼层建筑平面总面积。

（5）预制装配式楼板、屋面板的水平投影面积包括以下方面。

① 预制装配式叠合楼板、屋面板的水平投影面积。

② 预制构件间宽度不大于 300mm 的后浇混凝土带水平投影面积。

③ 金属楼承板和屋面板、木楼盖和屋盖及其他在施工现场免支模的楼盖和屋盖的水平投影面积。

(6) 非承重围护墙中非砌筑墙体的应用比例应按下式计算:

$$q_{2n}=\frac{A_{2a}}{A_{w1}}\times 100\% \tag{3.4}$$

式中:q_{2a}——非承重围护墙中非砌筑墙体的应用比例;

A_{2a}——各楼层非承重围护墙中非砌筑墙体的外表面面积之和,计算时可不扣除门、窗及预留洞口等面积;

A_{w1}——各楼层非承重围护墙外表面总面积,计算时可不扣除门、窗及预留洞口等面积。

(7) 围护墙采用墙体、保温、隔热、装饰一体化的应用比例应按下式计算:

$$q_{2b}=\frac{A_{2b}}{A_{w2}}\times 100\% \tag{3.5}$$

式中:q_{2b}——围护墙采用墙体、保温、隔热、装饰一体化的应用比例;

A_{2b}——各楼层围护墙采用墙体、保温、隔热、装饰一体化的墙面外表面面积之和,计算时可不扣除门、窗及预留洞口等面积;

A_{w2}——各楼层围护墙外表面总面积,计算时可不扣除门、窗及预留洞口等面积。

(8) 内隔墙中非砌筑墙体的应用比例应按下式计算:

$$q_{2c}=\frac{A_{2c}}{A_{w3}}\times 100\% \tag{3.6}$$

式中:q_{2c}——内隔墙中非砌筑墙体的应用比例;

A_{2c}——各楼层内隔墙中非砌筑墙体的墙面面积之和,计算时可不扣除门、窗及预留洞口等面积;

A_{w3}——各楼层内隔墙墙面总面积,计算时可不扣除门、窗及预留洞口等面积。

(9) 内隔墙采用墙体、管线、装修一体化的应用比例应按下式计算:

$$q_{2d}=\frac{A_{2d}}{A_{w3}}\times 100\% \tag{3.7}$$

式中:q_{2d}——内隔墙采用墙体、管线、装修一体化的应用比例;

A_{2d}——各楼层内隔墙采用墙体、管线、装修一体化的墙面面积之和,计算时可不扣除门、窗及预留洞口等面积。

(10) 干式工法楼面、地面的应用比例应按下式计算:

$$q_{3a}=\frac{A_{3a}}{A}\times 100\% \tag{3.8}$$

式中:q_{3a}——干式工法楼面、地面的应用比例;

A_{3a}——各楼层采用干式工法楼面、地面的水平投影面积之和;

A——各楼层建筑平面总面积。

(11) 集成厨房的橱柜和厨房设备等应全部安装到位,墙面、顶面和地面中干式工法的应用比例应按下式计算:

$$q_{3b}=\frac{A_{3b}}{A_{k}}\times 100\% \tag{3.9}$$

式中：q_{3b}——集成厨房干式工法的应用比例；

A_{3b}——各楼层厨房墙面、顶面和地面采用干式工法的面积之和；

A_k——各楼层厨房的墙面、顶面和地面的总面积。

（12）集成卫生间的洁具设备等应全部安装到位，墙面、顶面和地面中干式工法的应用比例应按下式计算：

$$q_{3c}=\frac{A_{3c}}{A_b}\times 100\% \tag{3.10}$$

式中：q_{3c}——集成卫生间干式工法的应用比例；

A_{3c}——各楼层卫生间墙面、顶面和地面采用干式工法的面积之和；

A_b——各楼层卫生间墙面、顶面和地面的总面积。

（13）管线分离比例应按下式计算：

$$q_{3d}=\frac{L_{3d}}{L}\times 100\% \tag{3.11}$$

式中：q_{3d}——管线分离比例；

L_{3d}——各楼层管线分离的长度，包括裸露在室内以及敷设在地面架空层、非承重墙体空腔和吊顶内的电气、给水排水和采暖管线长度之和；

L——各楼层电气、给水排水和采暖管线的总长度。

3.2　装配式构件生产技术简介

3.2.1　生产设备简介

装配式建筑用预制构件通过工厂化模式生产加工，建筑建造更加规范化、自动化、高效化。典型的PC流水线生产设备主要包括划线机、布料机、振动台、养护窑、混凝土输送机、模台存取机、预养护及温控系统、侧力脱模机、运板平车、刮平机、模具清扫机、拉毛机、摆渡车、支撑、驱动轮及控制系统等。不同的生产厂家因不同的生产工艺以及不同的企业定位等因素，其所配套的设备有所不同，并且设备的名称也会有所不同。

1. 划线机

划线机（见图3.2）用于在底模上快速而准确地画出边模、预埋件等位置，提高放置边模、预埋件的准确性和速度。

数控划线机主要由机械部分、控制系统、伺服系统、划线系统等组成。

2. 布料机

混凝土布料机用于向混凝土构件模具中倒入均匀定量的混凝土布料。

布料机（见图3.3）由双梁行走架、大车行走机构、小车行走机构、混凝土料斗、安全装置、气动系统、清洗装置和电气控制系统等组成。

3. 振动台

振动台是指用于振捣完成布料后的周转平台，可将其中的混凝土振捣密实。

图 3.2　划线机

图 3.3　布料机

振动台如图 3.4 所示，由固定台座、振动台面、减振提升装置、锁紧机构、液压系统和电气控制系统等组成。

4. 养护窑

养护窑的作用是将混凝土构件在养护窑中存放，经过静置、升温、恒温、降温等几个阶段，使混凝土构件凝固强度达到要求。

养护窑如图 3.5 所示，由窑体、蒸汽系统(或散热片系统)、温度控制系统等组成。

图 3.4　振动台

图 3.5　养护窑

5. 混凝土输送机

混凝土输送机用于存放搅拌出来的混凝土并通过特定的轨道将混凝土运送到布料机中。

混凝土输送机如图 3.6 所示，由双梁行走架、运输料斗、行走机构、料斗翻转装置和电气控制系统等组成。

图 3.6 混凝土输送机

6. 模台存取机

模台存取机将振捣密实的混凝土构件及模具送至立体养护窑指定的位置，并将养护好的混凝土构件及模具从养护窑中取出，通过生产线输送到指定的脱模位置。

模台存取机如图 3.7 所示，由行走系统、大架、提升系统、吊板输送架、取/送模机构、纵向定位机构、横向定位机构、电气系统等组成。

图 3.7　模台存取机

7. 预养护与温控系统

模台预养护系统由钢结构支架、保温膜、蒸汽管道组成。预养护温控系统包括电气控制系统(中央控制器、控制柜)、温度传感器等部分，如图 3.8(a)所示。养护通道如图 3.8(b)所示，由钢结构支架和养护棚(钢—岩棉—钢材料)组成，放置在输送线上方，带制品的模板可通过。

8. 侧力脱模机

侧力脱模机是将模板固定在托板保护机构上，可将水平板翻转 85°～90°，便于制品竖直起吊。

侧力脱模机如图 3.9 所示，由翻转装置、托板保护机构、电气系统、液压系统等组成。翻转装置由两个相同结构的翻转臂组成，翻模机构由固定台座、翻转臂、托座、模板锁死装置组成。

9. 运板平车

运板平车用于将成品 PC 构件由车间运送至堆放场。

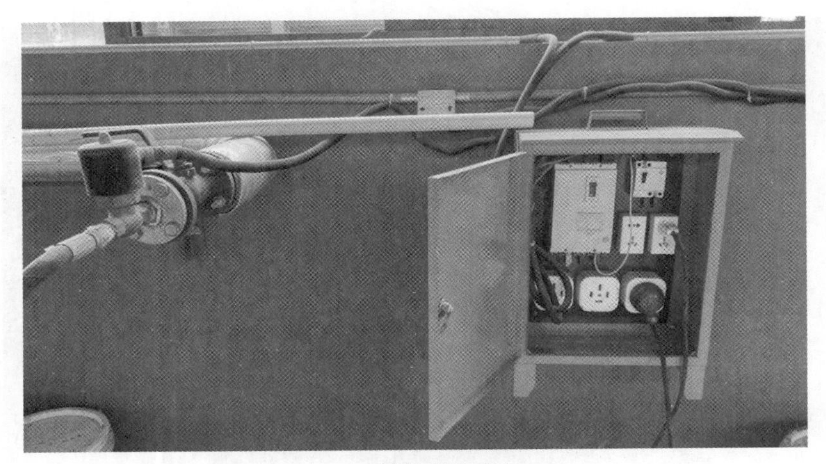

(a) 预养护温控系统

(b) 养护通道

图 3.8 预养护温控系统与养护通道

图 3.9 侧力脱模机

运板平车如图 3.10 所示，由稳定的型钢结构和钢板组成的车体、行走机构、电瓶、电气控制系统组成。

电瓶运板平车的行走机构可平稳地在轨道上行走；电瓶电量可供运板平车连续工作10h；电控系统既可手柄控制，也可遥控控制。

图 3.10 运板平车

10. 刮平机

刮平机将布料机浇筑的混凝土振捣并刮平，使得混凝土表面平整。

刮平机如图 3.11 所示，由钢支架、大车、小车、整平机构及电气系统等组成。

图 3.11 刮平机

11. 抹光机

抹光机用于内外墙板外表面的抹光。

抹光机如图 3.12 所示，由门架式钢结构机架、行走机构、抹光装置、提升机构、电气控制系统等组成。在混凝土构件初凝后将构件表面抹光，以保证构件表面的光滑。

12. 模具清扫机

模具清扫机用于将脱模后空模台上附着的混凝土清理干净。

图 3.12 抹光机

模具清扫机如图 3.13 所示，由 1 组清渣铲、2 组横向刷辊、1 个坚固的支撑架、除尘器、1 个清渣斗和电气系统组成。

13. 拉毛机

拉毛机是对叠合板构件新浇筑混凝土的上表面进行拉毛处理，以保证叠合板和后浇筑的混凝土较好地结合起来。

图 3.13　模具清扫机

拉毛机如图 3.14 所示，由钢支架、变频驱动的大车及行走机构、小车行走机构、升降机构、转位机构、可拆卸的毛刷、1 套电气控制系统组成。

拉毛机在钢支架上纵向行走，小车在大车轨道上横向行走，拉毛范围可覆盖整个模台。拉毛毛刷由合金刀板组成。

14. 摆渡车

摆渡车用于线端模具的横移。

摆渡车如图 3.15 所示，由框式机架、行走机构、支撑轮组、驱动轮组及电气控制系统等组成。

摆渡车工作过程如下。

(1) 周转平台通过生产线上的驱动轮装置及摆渡车上的驱动轮组进入摆渡车上方，由支撑轮组支撑，到达摆渡车上的指定位置。

图 3.14 拉毛机

(2) 行走机构开始工作,横向移动至另一侧工位。

(3) 横向运送车返回原位。

考虑运输模具过程的复杂工况,摆渡车各部分的位置由固定在车上的感应式启动器和固定在地面上的信号轨识别。

15. 支撑、驱动轮及控制系统

支撑、驱动轮及控制系统如图 3.16 所示,用于整条生产线的空模周转平台及带制品周转平台的运输。

模台轨道自动传送系统由滚轮支架及带制动摩擦轮驱动装置组成。每条轨道滚轮架线由 1 套电气控制系统控制,用于协调架线与其他设备的协调工作。

输送线控制系统用于传送空模周转平台及带制品周转平台,是一条从空模周转平台到成品下线的输送线。

图 3.15 摆渡车

图 3.16 支撑、驱动轮及控制系统

3.2.2 生产流程简介

典型的 PC 构件生产工艺流程包含组模、钢筋入模、布置埋件、混凝土浇筑、混凝土养护、PC 构件脱模和成品检验 7 个步骤。

1. 组模

PC 构件组模包含模具选型、模具清理、模具拼装和涂刷脱模剂等内容。

组模方式主要包括机械手组模(见图 3.17)和人工组模(见图 3.18)。机械手组模是通过机械手将模具库的边模取出,由组模机械手将边模按照边线逐个摆放,并按下磁力盒开关将边模通过磁力与模台连接牢固。人工组模是通过人工组装一些复杂的、非标准的模具和机械手不方便操作的模具,如门窗洞口的木模等。

图 3.17 机械手组模

图 3.18 人工组模

首先根据生产要求选择正确的模具，在组装前通过模台清扫设备（见图 3.19）将模台清理干净。需要仔细清理模具并清理彻底，对残余的大块混凝土要小心清理，防止损伤模台。在固定模台上组装模具，模具与模台连接应选用螺栓与定位销，组装模具应按照组装顺序，对于需要先吊入钢筋骨架的构件，在吊入钢筋骨架后再组装模具，并且要保证模板的接缝严密以及接触面平整。常用的隔离剂有油性和水性两种，在涂刷隔离剂前要检查模具是否干净，通过自动喷刷隔离剂设备或者人工对模具进行涂刷，保证每个地方都均匀涂刷，涂抹均匀后的模具表面不允许有明显的痕迹、堆积、漏涂等现象。

2. 钢筋入模

PC 构件钢筋入模包含钢筋制作、入模、钢筋间隔件布置与安放等内容。

图 3.19　模台清扫设备

1）钢筋制作

PC 构件的钢筋制作方式分为全自动钢筋制作、半自动钢筋制作和人工钢筋制作三种。全自动钢筋制作主要是加工各种箍筋、桁架筋及钢筋网片等，是通过计算机控制设备对钢筋进行调直、成型、焊接以及剪断等操作，如图 3.20 和图 3.21 所示。半自动钢筋制作是将各个单体钢筋通过自动设备加工出来，然后通过人工组装完成的钢筋骨架。人工钢筋制作是指从下料、成型、制作、焊接全过程不借助自动化设备，全部由人工完成。

图 3.20　自动钢筋网加工设备

图　3.20(续)

图 3.21　加工完成的钢筋网片

钢筋入模是制作PC构件的关键步骤，其中，布置和安放钢筋的间隔决定了PC构件的安全质量。

2）钢筋入模作业

（1）钢筋网和钢筋骨架在整体装运、吊装就位时，应采用多吊点的起吊方式，防止发生钢筋扭曲、弯折、歪斜等变形。

（2）吊点应根据尺寸、重量及刚度而定。宽度大于1m的水平钢筋网，宜采用四点起吊；跨度小于6m的钢筋骨架，宜采用两点起吊；跨度大、刚度差的钢筋骨架，宜采用横吊梁（铁扁担）四点起吊。

（3）为了防止吊点处钢筋受力变形，宜采取兜底起吊或增加辅助用具。

（4）钢筋骨架入模时，钢筋应平直、无损伤，表面不得有油污、颗粒状或片状老锈，且应轻放，以防止变形。

（5）钢筋入模后，还应对叠合部位的主筋和构造钢筋进行保护，防止外露钢筋在混凝土浇筑过程中受到污染，从而影响钢筋的握裹强度。对已受到污染的部位需及时进行清理。

3）布置、安放钢筋间隔件

正确选用和合理布置、安放钢筋间隔件（混凝土保护层垫块）应符合《混凝土结构用钢筋间隔件应用技术规程》(JGJ/T 219—2010)的相关规定。

在预制构件生产中，正确选用钢筋间隔件有以下几个要点。

（1）常用的钢筋保护层间隔件有塑料类钢筋间隔件、水泥基类钢筋间隔件（见图3.22）和金属类钢筋间隔件三种，需根据不同的功能和位置正确选择和使用钢筋间隔件。一般PC构件制作不宜采用金属类钢筋间隔件。

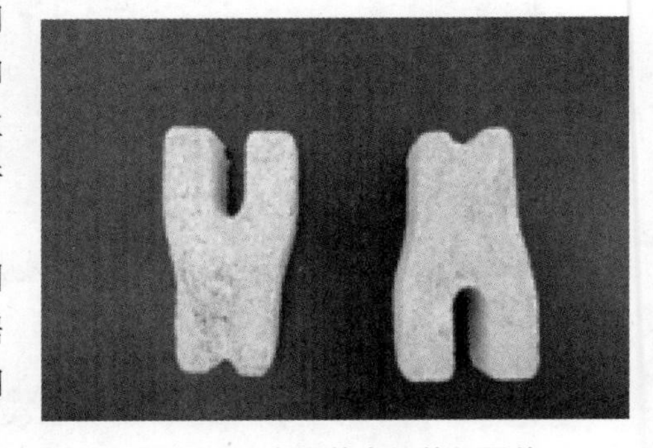

图3.22 水泥基类钢筋间隔件

（2）钢筋间隔件应具有足够的承载力、刚度，梁、柱等构件竖向间隔件的安放间距应根据间隔件的承载力和刚度确定，并应符合被间隔钢筋的变形要求。

（3）塑料类钢筋间隔件和水泥基类钢筋间隔件可作为构件表层间隔件。

（4）梁、柱、楼梯、墙等竖向浇筑的构件，宜采用水泥基类钢筋间隔件作为竖向间隔件。

（5）立式模具的表层间隔件宜采用环形间隔件，竖向间隔件宜采用水泥基类钢筋间隔件。

（6）清水混凝土的表层间隔件应根据功能要求进行专项设计。

3. 布置埋件

PC构件布置埋件包含螺杆预埋、管线预埋、线盒预埋、门窗框预埋、支撑预埋、吊钉吊具预埋、石材埋件预埋和灌浆套筒预埋等内容。

预制构件中的预埋件及预留孔洞的形状尺寸和中线定位偏差非常重要，生产时应按照要求逐个进行检查。

预埋件布置如图3.23所示，注意要固定牢固，防止浇筑混凝土振捣过程中松动偏位。质检员要专项检查，固定在模具上的预埋件、预留孔洞中心偏差应控制在允许范围之内。

图 3.23 预埋件布置

4. 混凝土浇筑

PC构件混凝土浇筑包含隐蔽工程检查、空隙封堵、变形移位纠偏、防污染措施、连续布料、振动台振捣、补料和表面处理等内容。

隐蔽工程的检查除书面检查记录之外还应有照片记录。拍照时记录该构件的使用项目名称、检查项目、检查时间、生产单位等,关键部位要多角度拍照。

混凝土浇筑前应做好混凝土坍落度、温度、含气量等检查工作。应从模具的一端开始均匀、连续浇筑,投料高度不宜超过500mm。浇筑过程中应有效控制混凝土的均匀性、密实性和整体性,并且保证在混凝土初凝前浇筑全部完成,如图3.24所示。

图 3.24 喂料斗自动入模

5. 混凝土养护

PC 构件养护包含预养、自然养护和蒸汽养护等内容。

混凝土养护对混凝土的强度、耐久性、抗冻性有很大的影响，因此养护是保证混凝土质量的重要环节。

混凝土带模养护期间，应采取带模包裹、浇水、喷淋洒水等措施进行保湿、潮湿养护，保证模具接缝处不致失水干燥。为了保证顺利拆模，可在混凝土浇筑 24～48h 后略微松开模具，并继续浇水养护至拆模后再继续保湿至规定龄期。混凝土去除表面覆盖物或拆模后，应对混凝土采用蓄水、浇水或覆盖洒水等措施进行潮湿养护，也可在混凝土表面处于潮湿状态时，迅速用麻布、塑料布或帆布等保湿材料对混凝土进行包覆。包覆期间，包覆物应完好无损，彼此搭接完整，内表面应具有凝结水珠。有条件地段应尽量延长混凝土的包覆—保湿—养护时间。

混凝土的蒸汽养护主要是在养护窑（见图 3.25）中进行，可分静停、升温、恒温、降温 4 个阶段。混凝土的蒸汽养护应符合下列规定。

（1）静停期间应保持环境温度不低于 5℃，浇筑结束 4～6h 且混凝土终凝后才可升温。

（2）升温速度不宜大于 10℃/h。

（3）恒温期间混凝土内部温度不宜超过 60℃，最高不得超过 65℃。恒温养护时间应根据构件脱模强度要求、混凝土配合比情况以及环境条件等通过试验确定。

（4）降温速度不宜大于 10℃/h。

图 3.25 养护窑

6. PC 构件脱模

PC 构件脱模（见图 3.26）包含混凝土强度验证、拆模、吊点吊筋检查和起吊脱模等内容。

（1）PC 构件脱模起吊时混凝土强度应达到规范要求，并且不宜小于 15MPa。

（2）构件脱模应严格按照拆模顺序，禁止用振动、敲打等方式拆模。

（3）构件脱模时应仔细检查确认构件与模具之间的连接部分完全拆除后才可起吊。

(4) 构件起吊应平稳,复杂结构应采用专门的吊架进行起吊。

图 3.26　PC 构件脱模

7. 成品检验

PC 构件成品检验(见图 3.27)包含外形尺寸、外观质量、平整度和垂直度等内容。

PC 构件在脱模完成后应进行成品检验,外形外观不应有严重缺陷,不应有影响结构性能和安装的缺陷,主要包括对破损、裂缝、孔洞、疏松、蜂窝、夹渣等方面的检查。尺寸检查的重点包括伸出钢筋、预埋件、套筒、孔眼是否偏位,孔道是否歪斜,以及尺寸是否符合要求,平整度和垂直度是否达到要求。

图 3.27　PC 构件成品的检验

3.2.3 生产工艺简介

PC构件生产工艺主要有两种方式：固定方式和流动方式。

固定方式是指模具布置在固定位置，包括固定模台工艺、立模工艺和预应力工艺等。

流动方式是指模具在流水线上移动，也称为流水线工艺，包括手控流水线、半自动流水线和全自动流水线。

1. 固定模台工艺

固定模台工艺是固定式生产的主要工艺，也是PC构件制作应用最广的工艺。

固定模台在国际上应用很普遍，在日本、东南亚地区以及美国和澳大利亚应用比较多，欧洲在生产异型构件以及工艺流程比较复杂的构件时，也是采用固定模台工艺。

固定模台(见图3.28)是一块平整度较高的钢结构平台，也可以是高平整度、高强度的水泥基材料平台。以这块固定模台作为PC构件的底模，在模台上固定构件侧模，组合成完整的模具。固定模台也被称为底模、平台、台模。

图3.28 固定模台

固定模台工艺的设计主要是根据生产规模的要求，在车间里布置一定数量的固定模台，组模、放置钢筋与预埋件、浇筑振捣混凝土、养护构件和脱模都在固定模台上进行。固定模台生产工艺，模具是固定不动的，作业人员和钢筋、混凝土等材料在各个固定模台间"流动"。绑扎或焊接好的钢筋用起重机送到各个固定模台处；混凝土用送料车或送料吊斗送到固定模台处，养护蒸汽管道也通到各个固定模台下，PC构件就地养护；构件脱模后再用起重机送到构件存放区。

固定模台工艺可以生产柱、梁、楼板、墙板、楼梯、阳台板、转角构件等各类预制构件。它的优势是适用范围广、操作方便、适应性强、启动资金较少、见效快。

2. 立模工艺

立模工艺是用竖立的模具垂直浇筑成型的方法，一次生产一块或多块构件。立模工艺与固定模台工艺的区别是：固定模台工艺构件是"躺着"浇筑的，而立模工艺构件是立着浇筑的。立模工艺具有占地面积小、构件表面光洁、垂直脱模、不用翻转等优点。

立模有独立立模和集合式立模两种。立着浇筑的柱子和侧立浇筑的楼梯板属于独立立模，而集合式立模是多个构件并列组合在一起制作的工艺，可用来生产规格标准、形状规则、配筋简单的板式构件，如轻质混凝土空心墙板。

并列式组合模具由固定的模板和两面可移动模板组成。在固定模板和移动模板内壁之间用来制造预制构件的空间。

上面介绍的是固定式生产工艺中的立模工艺。随着立模工艺的发展更新，现在已经出现了一种流动并列式组合立模工艺(见图 3.29)，主要生产低层建筑和小型装配式建筑中的墙板构件。

图 3.29 组合立模工艺

流动并列式组合立模可以通过轨道运输被移送到各个工位，先是组装立模；然后钢筋绑扎；接下来浇筑混凝土；最后被运到养护容集中养护，达到一定强度后再运到脱模区进行脱模，从而完成组合立模生产墙板的全过程。其主要优点是可以集中养护构件。流动并列式组合立模应用在轻质隔墙板生产工艺中，工艺成熟、产量高、自动化程度较高。

3. 流水线工艺

流水线工艺(见图 3.30)是将移动模台放置在轨道上，使其能够移动。首先在组模区进行组模；其次通过轨道移动到钢筋和预埋件作业区段，进行钢筋和预埋件入模作业；再次再移动到浇筑振捣平台上，进行混凝土的浇筑与振捣；之后移动到养护窑进行养护；养护结束后，移动到脱模区脱模，最后运送到存放区。

图 3.30 流水线工艺

流水线工艺适合非预应力叠合楼板、双面空心墙板的制作。流水线根据自动化程度可分为手控流水线、半自动流水线和全自动流水线三种类型。

3.3 装配式钢筋混凝土工程施工技术介绍

3.3.1 装配式钢筋混凝土工程与传统现浇混凝土工程施工的主要区别

装配式建筑是建筑工业化的主要形式、产物和载体，具有工业化、装配化、标准化和一体化装修的特点。它是由建筑部品、建筑构件、结构构件以及机电设备等部分以可靠的连接方式装配而成的工业化建筑。其中装配式钢筋混凝土结构是目前我国装配式建筑最主要的结构形式之一。

装配式混凝土结构施工与现浇混凝土施工存在着许多差别，主要体现在装配式混凝土结构在建筑施工过程中对建筑质量的提升，而且能够提高施工效率、缩短施工工期、节约材料，以及能够节能减排，但相比现浇混凝土施工也存在着对施工精度控制困难等问题。

(1) 主要构件采用预制件。大量的建筑部品及构件由车间生产预制而成，产业化程度高，资源节约与绿色环保。采用平面化的施工方式辅以先进的计算机计算代替现浇结构立体交叉作业，并且构件的深化加工设计图与现场的可操作性的相符性更高，可制造出误差控制在几毫米之内的高精度预制构件。基于混凝土材料的强兼容性，可以使用预制工业生产出种类繁多的相关产品。

(2) 预制构件多数采用集防水、保温、结构一体成型性能完善的一体化制造工艺，减少了物料损耗和施工工序。同时，由于预制构件的浇筑、养护和存放均在工厂进行，受天气影响小，利于冬期施工，在工厂生产存放期间建筑材料中的有害物质得到释放，装配式建筑建成后几乎不会对人体造成伤害。

(3) 装配式建筑的结构及建筑构件预制完成后，将被运输到施工现场采用机械化吊装安装。在工期上可以采用并行工程，设计院绘制部分或全部构件制作图的同时，预制构件生产厂进行构件制造、储存、构件出厂、运送。而现场的桩基工程和基础以及地下工程的施工也可在同一时间完成，吊装过程及预制构件生产过程可与现场各专业施工同时进行。再加上装配式建筑施工方法不再遵循传统的操作面工序而转为工厂生产，起到了减少操作面的施工工序，从而降低施工难度的作用，使工程建设劳动效率得到很大的提高，大大缩短了工程建设周期。

(4) 对放线及标高测量精度、预留孔位置要求高。由于工厂化生产，构件尺寸经预制后不可改变，放线尺寸偏小会导致预制构件无法安装，偏大又会导致拼缝过大。标高测量也需更加准确，剪力墙的标高如果控制不好会造成叠合板不能平整安装，或者导致剪力墙与板间缝隙过大需重新支模浇筑。装配式混凝土结构预留预埋时，预留孔的位置和尺寸必须精准，否则重新开槽或洞口会给施工增加难度甚至影响结构安全。

(5) 装配式建筑采用非传统现浇工艺，对施工人员的专业性要求较高，尤其是对专业施工人员的吊装、加固技术水平要求高。在 PC 构件吊装施工过程中，需要施工人员进行配合，存在较大安全隐患。因此需要采取适当的安全措施，保障工人安全施工。

3.3.2 装配式钢筋混凝土工程施工的内容

装配式钢筋混凝土工程施工主要内容包括施工现场平面布置、吊装机械的选择与布置、PC构件运输及堆放、PC构件进场验收、PC构件安装和PC构件成品保护等。

1. 施工总平面设计

施工平面布置是在拟建工程的建筑平面上(包括周围环境),布置为施工服务的各种临时设施、材料构件堆场、施工机械等,是施工方案在现场的空间体现。它反映已有建筑与拟建工程间、临时建筑与临时设施间的相互空间关系。装配式建筑因其具有PC构件,因此应重点考虑PC构件临时堆场设置、构件运输车辆进出口设置、施工运输道路设置等问题,应提前进行施工总平面设计策划工作,策划时应特别注重以下几点内容。

(1) PC构件临时堆场设计要同构件生产厂家协调,在生产能力和储存能力较大的情况下,应采用在运输车上直接起吊安装的方法,减少二次搬运对PC构件及人员的损耗。如生产厂家产能或储存能力不足,则要考虑在现场存放一部分应急构件,根据楼幢、楼层、单元、户型、构件尺寸、数量及构件叠放层数的要求,设计临时堆场的大小。

(2) 起重设备位置的设计,应考虑建筑物分布及间距、建筑平面尺寸、构件重量分布情况以及建筑基础和地下室的结构构件的分布情况等。

(3) 在起重机吊装覆盖范围内,不得设计有办公区及生活区。

(4) 施工材料应严格根据施工进度计划的时间,将场地设计为先用先吊先放,做到场地的重复使用,且提高场地使用的周转效率。

(5) PC工程施工应充分考虑工种间的交叉作业,设计合理的流水作业方式,部品部件、机电安装材料、装饰装修材料到场后可直接吊运至施工楼层,减少场地占用。

(6) 施工道路应尽可能利用永久性道路,或先建好永久性道路的路基供施工期使用,在土建工程结束前铺好路面。因PC构件运输车辆一般较普通运输车长,因此施工道路宽度应按单车道宽度为3~3.5m,双行道宽度为5.5~6m进行设计,且应能环绕建筑物布置成环形道路,便于运输车辆进出。

2. 吊装机械的选择与布置

吊装机械的选择要根据建筑物的结构类型、高度、平面布置、构件的尺寸及重量等条件来确定。一般对于5层民用住宅或高度在18m以下的多层工业厂房,可采用履带式起重机(见图3.31)或汽车式起重机(见图3.32);对于10层以下的民用建筑多采用轨道式塔式起重机;对于10层及以上的高层住宅,可采用爬升式塔式起重机或附着式塔式起重机。对于起重机的选择,既要考虑到它的起吊高度、起吊重量及覆盖范围,又要考虑其经济性。对于装配式钢筋混凝土工程中,在选择吊装机械时需特别注意预制楼梯的重量,一般预制双跑楼梯重量在2t左右,预制剪刀楼梯重量在5t左右,并且根据PC构件的重量需留有一定的吊装缓冲空间,一般在0.3~0.5t。

当采用塔式起重机时,其位置的合理性影响着塔式起重机的经济性,一般优先选择将塔式起重机(见图3.33)靠近较重PC构件进行布置。选择起重机型号时,应绘制出建筑剖面图,在剖面图上注明最高层主要构件的重量 Q 及起吊所需的起重半径 R,根据其最大起重力矩 M_{max}($M_{max}=QR$)及最大起吊高度 H 来选择起重机。保证每个构件所需的 H、R、Q 均同时满足。

图 3.31 履带式起重机

图 3.32 汽车式起重机

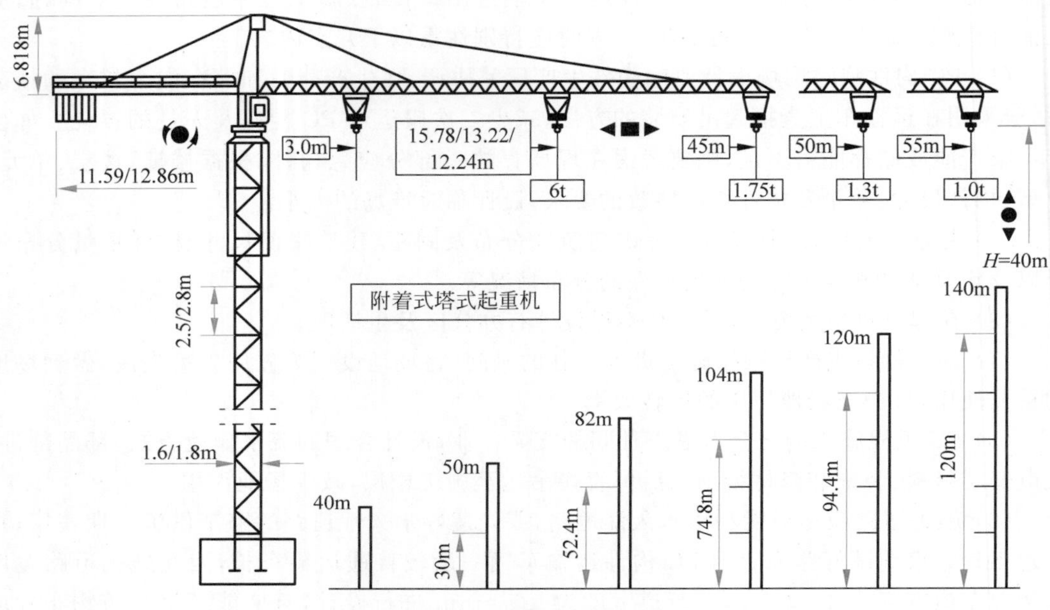

图 3.33 塔式起重机

塔式起重机布置应遵循以下原则。

(1) 选择外墙立面及便于拆卸的位置进行安装。

(2) 符合塔式起重机附墙安装的位置。

(3) 塔式起重机幅度范围内所有构件的重量符合起重机的起重量。

(4) 尽可能覆盖构件临时堆放场地。

(5) 塔式起重机不能覆盖裙房或建筑高度不高时,可选择履带式起重机或汽车式起重机吊装 PC 构件。

(6) PC 工程吊装与传统施工不同,在确定提升和附墙设计时,应严格考量附墙位置结构混凝土龄期是否达到强度要求。在安全系数不足的情况下,应采用提前支设附墙、增加附墙数量的方法解决。

3. PC 构件运输及堆放

1) PC 构件运输

PC 构件运输过程中宜选用低平板车,车上应设有专用架,且需有可靠的稳定构件措施，车辆启动应慢，车速应均匀，转弯和错车时要减速，并且应留意稳定构件措施的状态，存在安全隐患时尽快进行加固。

PC内外墙板可采用竖立方式运输(见图3.34)，每一个运输架上放置两块预制构件，为保护预制构件外立面，构件插筋向内，正向放置，构件放置角度不应小于30°，以防止倾覆。PC叠合楼板、PC阳台板、PC楼梯可采用平放方式运输，并正确选择支垫位置。为防止运输过程中构件的损坏，运输架应设置于枕木上，预制构件与架身、架身与运输车辆都要进行可靠的固定。

图3.34 墙板竖立运输

2）现场堆放

预制构件运至施工现场后，应按照产品品种、规格型号、检验状态分类存放，产品标识应明确且朝向向外，利于查看，预埋吊件应朝上。构件可直接连同运输架一起堆放在塔式起重机有效范围的施工空地上，堆垛之间宜设置通道，而且构件直接堆放必须在构件下加设枕木(见图3.35)。场地上的构件应有可靠的防倾覆措施，且符合下列规定。

图3.35 PC构件堆放

(1) 存放场地应平整、坚实并应有排水措施。

(2) 存放库区宜实行分区管理和信息化台账管理。

(3) 应合理设置垫块支点位置,确保预制构件存放稳定,支点宜与起吊点位置一致。

(4) 与清水混凝土面接触的垫块应采取防污染措施。

(5) 预制叠合楼板可采用叠放方式,层与层之间应垫平、垫实,各层支垫应上下对齐,叠放层数不宜大于6层。如长期存放,应采取措施控制预应力构件起拱值和叠合板翘曲变形。

(6) 预制内外墙板、挂板宜采用专用支架直立存放,支架应有足够的强度和刚度,薄弱构件、构件薄弱部位和门窗洞口应采取防止变形开裂的临时加固措施。

(7) 预制柱、梁等细长构件宜平放,且用两条垫木支撑。

4. PC构件进场验收

PC构件及其他部品部件出厂之前应当进行检查验收。由预制构件生产企业质检部门和驻场监理工程师共同参与检查验收。

进场后总包单位应派专人进行PC构件进场检验,具体检查项目及标准如表3.2所示。

表3.2 PC构件进场检查项目表

序号	检查项目		检查标准
1	随车资料	出厂合格证	资料全部齐全
		混凝土强度检验报告	
		钢筋套筒检验报告	
		合同要求的其他证明文件	
2	装卸、运输过程中构件损坏	缺棱掉角	不应出现
		出现裂缝	
		装饰层破坏	
		外伸钢筋弯折	
3	影响构件安装质量	套筒、预埋件规格、位置、数量	GB/T 51231—2016
		套筒或浆锚孔内是否被污染	
		外伸钢筋规格、位置、数量	
		配件是否齐全	
		构件几何尺寸	
4	表面观感质量	外观缺陷	不应有缺陷

验收人员验收时应根据表3.3的检查项目对全部构件进行进场外观质量检查。对已经出现的严重缺陷应制定技术处理方案进行重新检验,对出现的一般缺陷应进行修正至合格,才可通过验收。如预制构件尺寸超过允许偏差且影响结构性能和安装,使用功能的部位应经原设计单位确认,制定技术处理方案进行处理,并重新进行检查验收。

表3.3 构件外观质量缺陷表

名称	现象	严重缺陷	一般缺陷
漏筋	构件内钢筋未被混凝土包裹而外漏	纵向受力钢筋有漏筋	其他钢筋有少量漏筋
蜂窝	混凝土表面缺少水泥砂浆而形成石子外漏	构件主要受力部位有蜂窝	其他部位有少量蜂窝

续表

名称	现　　象	严重缺陷	一般缺陷
孔洞	混凝土中孔穴深度和长度均超过保护层厚度	构件主要受力部位有孔洞	其他部位有少量孔洞
夹渣	混凝土中夹有杂物且深度超过保护层厚度	构件主要受力部位有夹渣	其他部位有少量夹渣
疏松	混凝土中局部不密实	构件主要受力部位有疏松	其他部位有少量疏松
裂缝	缝隙从混凝土表面延伸至混凝土内部	构件主要受力部位有影响结构性能或使用功能的裂缝	其他部位有少量不影响结构性能或使用功能的裂缝
连接部位缺陷	构件连接处混凝土缺陷及连接钢筋、连接件松动，插筋严重锈蚀、弯曲，灌浆套筒堵塞、偏位，灌浆孔洞堵塞、偏位、破损等	连接部位有影响结构传力性能的缺陷	连接部位有基本不影响结构传力性能的缺陷
外形缺陷	缺棱掉角、棱角不直、翘曲不平、飞出凸肋等，装饰面砖黏结不牢、表面不平、砖缝不顺直等	清水或具有装饰的混凝土构件内有影响使用功能或装饰效果的外形缺陷	其他混凝土构件有不影响使用功能的外形缺陷
外表缺陷	构件表面麻面、掉皮、起砂、玷污等	具有重要装饰效果的清水混凝土构件有外表缺陷	其他混凝土构件有不影响使用功能的外表缺陷

预制构件尺寸偏差及预留孔、预留洞、预埋件、预留插筋、键槽的位置和检验方法应符合表 3.4 和表 3.5 中(以楼板类及墙板类构件为例)的规定。当预制构件有粗糙面时，与预制构件粗糙面相关的尺寸允许偏差可放宽 1.5 倍。

表 3.4　预制构件楼板类构件外形尺寸允许偏差及检验方法

项目	检查项目			允许偏差/mm	检验方法
1	规格尺寸	长度	<12m	±5	用尺量两端及中间部位，取其中偏差绝对值较大值
			≥12m 且<18m	±10	
			≥18m	±20	
2		宽度		±5	用尺量两端及中间部位，取其中偏差绝对值较大值
3		厚度		±5	用尺量板四角和四边中部位置共 8 处，取其中偏差绝对值较大值
4	对角线差			6	在构件表面，用尺量测两对角线的长度，取其绝对值的差值
5	外形	表面平整度	内表面	4	用 2m 靠尺安放在构件表面上，用楔形塞尺量测靠尺与表面之间的最大缝隙
			外表面	3	
6		楼板侧向弯曲		$L/750$ 且 $\leqslant 20$	拉线，钢尺量最大弯曲处
7		扭翘		$L/750$	四对角拉两条线，量测两线交点之间的距离，其值的两倍为扭翘值

续表

项目	检查项目			允许偏差/mm	检验方法
8	预埋部件	预埋钢板	中心线位置偏差	5	用尺量测纵、横两个方向的中心线位置,取其中较大值
			平面高差	0,−5	用尺紧靠在预埋件上,用楔形塞尺量测预埋件平面与混凝土面的最大缝隙
9		预埋螺栓	中心线位置偏移	2	用尺量测纵、横两个方向的中心线位置,取其中较大值
			外露长度	+10,−5	用尺量
10		预埋线盒、电盒	在构件平面的水平方向中心位置偏差	10	用尺量
			与构件表面混凝土高差	0,−5	用尺量
11	预留孔	中心线位置偏移		5	用尺量测纵、横两个方向的中心线位置,取其中较大值
		孔尺寸		±5	用尺量测纵、横两个方向尺寸,取其中较大值
12	预留洞	中心线位置偏移		5	用尺量测纵、横两个方向的中心线位置,取其中较大值
		洞口尺寸、深度		±5	用尺量测纵、横两个方向尺寸,取其中较大值
13	预留插筋	中心线位置偏移		3	用尺量测纵、横两个方向的中心线位置,取其中较大值
		外露长度		±5	用尺量
14	吊环、木砖	中心线位置偏移		10	用尺量测纵、横两个方向的中心线位置,取其中较大值
		留出高度		0,−10	用尺量
15	桁架钢筋高度			+5,0	用尺量

表 3.5 预制构件墙板类构件外形尺寸允许偏差及检验方法

项目	检查项目		允许偏差/mm	检验方法
1	规格尺寸	高度	±4	用尺量两端及中间部位,取其中偏差绝对值较大值
2		宽度	±4	用尺量两端及中间部位,取其中偏差绝对值较大值
3		厚度	±3	用尺量板四角和四边中部位置共 8 处,取其中偏差绝对值较大值
4	对角线差		5	在构件表面,用尺量测两对角线的长度,取其绝对值的差值

续表

项目	检查项目			允许偏差/mm	检验方法
5	外形	表面平整度	内表面	4	用2m靠尺安放在构件表面上,用楔形塞尺量测靠尺与表面之间的最大缝隙
			外表面	3	
6		侧向弯曲		L/1000且≤20	拉线,钢尺量测最大弯曲处
7		扭翘		L/1000	四对角拉两条线,量测两线交点之间的距离,其值的两倍为扭翘值
8	预埋部件	预埋钢板	中心线位置偏差	5	用尺量测纵、横两个方向的中心线位置,取其中较大值
			平面高差	0,−5	用尺紧靠在预埋件上,用楔形塞尺量测预埋件平面与混凝土面的最大缝隙
9		预埋螺栓	中心线位置偏移	2	用尺量测纵、横两个方向的中心线位置,取其中较大值
			外露长度	+10,−5	用尺量
10		预埋套管、螺母	中心线位置偏移	2	用尺量测纵、横两个方向的中心线位置,取其中较大值
			平面高差	0,−5	用尺紧靠在预埋件上,用楔形塞尺量测预埋件平面与混凝土面的最大缝隙
11	预留孔	中心线位置偏移		5	用尺量测纵、横两个方向的中心线位置,取其中较大值
		孔尺寸		±5	用尺量测纵、横两个方向尺寸,取其中较大值
12	预留洞	中心线位置偏移		5	用尺量测纵、横两个方向的中心线位置,取其中较大值
		洞口尺寸、深度		±5	用尺量测纵、横两个方向尺寸,取其中较大值
13	预留插筋	中心线位置偏移		3	用尺量测纵、横两个方向的中心线位置,取其中较大值
		外露长度		±5	用尺量
14	吊环、木砖	中心线位置偏移		10	用尺量测纵、横两个方向的中心线位置,取其中较大值
		与构件表面混凝土高差		0,−10	用尺量
15	键槽	中心线位置偏移		5	用尺量测纵、横两个方向的中心线位置,取其中较大值
		长度、宽度		±5	用尺量
		深度		±5	用尺量

续表

项目	检查项目		允许偏差/mm	检验方法
16	灌浆套筒及连接钢筋	灌浆套筒中心线位置	2	用尺量测纵、横两个方向的中心线位置，取其中较大值
		连接钢筋中心线位置	2	用尺量测纵、横两个方向的中心线位置，取其中较大值
		连接钢筋外露长度	+10,0	用尺量

除需要根据表3.3～表3.5进行进场检测外，还需检查PC构件质量证明文件。质量证明文件是确保工程质量的主控项目，对安全、节能、环保和主要使用功能起决定性作用的证明材料，所以须对每一个构件的质量证明文件进行检查。

5. PC构件安装

PC构件安装施工前，应对已施工完成的结构混凝土强度、外观质量、尺寸偏差等进行检查，并应核对预制构件的混凝土强度及预制构件和配件的型号、规格、数量等，其质量应符合现行国家标准《装配式混凝土建筑技术标准》(GB/T 51231—2016)和行业标准《装配式混凝土结构技术规程》(JGJ 1—2014)的有关规定，也可以参照各地方标准，需符合设计要求。

1) 安装前准备工作

(1) 检查试用起重机，确认可正常运行。

(2) 准备吊装架、吊索等吊具，检查吊具是否匹配预制构件预埋件，特别是检查绳索是否有破损，吊钩卡环是否有问题等。

(3) 准备牵引绳等辅助工具、材料。

(4) 准备好灌浆设备、工具，调试灌浆泵。

(5) 备好灌浆料。

(6) 检查构件套筒或浆锚孔是否堵塞。当套筒、预留孔内有杂物时，应当及时清理干净。用手电筒补光检查，发现异物用气体或钢筋将异物清除。

(7) 将连接部位浮灰清扫干净。

(8) 对柱子、剪力墙等竖直构件，安好调整标高的支垫，准备好斜支撑部件，检查斜支撑地锚。

(9) 对于叠合楼板、梁、阳台板、挑檐板等水平构件，架立好竖向支撑。

(10) 伸出钢筋采用机械套筒连接时，须在吊装前在伸出钢筋端部套上套筒。

(11) 外挂墙板安装节点连接部件的准备，如果需要水平牵引，需设置牵引葫芦吊点并准备工具等。

2) PC梁的安装

(1) 按施工方案规定的安装顺序，将PC梁按型号、规格进行码放，弹好两端的轴线，调直理顺两端伸出的钢筋。

按图纸上的规定或施工方案中确定的吊点位置，进行挂钩和锁绳，如图3.36所示。注意吊绳的夹角一般不得小于45°。如使用吊环起吊，必须同时拴好保险绳。当采用兜底吊运时，必须用卡环卡牢，挂好后缓缓提升，紧绷钩绳，离地50cm左右时停止上升，认真检查吊具的牢固,方可吊运就位。吊运单侧或局部带挑边的梁,要认真考虑其重心位置,避免偏心,防止倾斜。吊点应尽量靠近吊环或梁端头部位。

图 3.36 叠合梁安装

(2) 吊装前再次检查柱头支点的钢支撑标高、位置是否符合安装要求,就位时找好柱头上的定位轴线和梁上轴线之间的相互关系,以便使梁正确就位。梁的两头应用支撑顶牢。

(3) 预制梁吊至梁支座位置时,缓慢落钩并同时对准基准线就位。事先支撑架好的排架应按梁底标高固定好,可调节支撑根据梁降落就位时随时调节。

(4) 就位以后,对梁的标高、支点位置进行校正。整理梁头钢筋与相对应的主筋互相靠紧后,便于焊接。为了控制梁的位移,应使梁两端中心线的底点与柱子顶端的定位线对准,如果误差不大,可用撬棍轻微拨动使之对准;当误差较大时,不得用撬棍生拨硬撬,应将梁重新吊起,稍离支座,操作人员分别从两头扶稳,目测对准轴线,落钩平稳,缓慢入座,再使梁底轴线对准柱顶轴线。梁身垂直偏差的校正是从两端用线坠吊正,操作人员互报偏差数,再用撬棍将梁底垫起,用铁片支垫平稳,直至两端的垂直偏差均控制在允许范围之内。注意,在整个校正过程中必须同时用经纬仪观察柱子的垂直有无变化。如因梁安装使柱子的垂直偏差超出允许值,必须重新进行调整。当梁的标高及支点位置校正合适,支顶牢固,方可进行下一步操作。

3) PC 板的安装

(1) 安装前将墙顶和梁顶清扫干净,检查标高,如标高不对则按设计标高抹平。

(2) 在墙或梁的侧面弹出安装位置线。

(3) 支撑体系支设,板下支撑系统由工字钢、托座、独立钢支柱和稳定三脚架组成。独立钢支撑、工字梁、托架分别按照平面布置方案放置,调到设计标高后拉线并用水平尺配合调平。根据板的规格,板下设置相应个数的支撑点,间距以支撑体系布置图为准,安装前将支撑标高设置至设计标高。

(4) PC 板构件进行起吊时,施工人员必须要保持其平衡度,然后根据构件的型号以及尺寸大小将其吊到指定位置,直到确定吊装的位置准确无误之后再将构件平稳的下落(见图 3.37),构件的底部与工作面相距 50cm 时应稍作停顿,等到其他施工人员将其与指定位置对齐之后再缓慢下落,等到构件底部与工作面只剩 2cm 时,再由施工人员将其与事先画出的控制线对准,然后再平稳下落。

(5) PC 板初步安装就位后，根据控制线，采用可调节支撑校正，对板体的水平及垂直方向进行调整，使之精确就位。

图 3.37　叠合板安装

4) PC 柱的安装

(1) PC 柱安装前，要对建筑物纵横轴线标高进行校核，检查无误后方可进行吊装。

(2) 在 PC 柱身三面弹出几何中心线，在柱顶弹出截面中心线，作为构件安装对位、校核的依据。

(3) 起吊 PC 柱时要在吊索与柱之间垫以麻袋或木板，避免起吊时吊索磨损构件表面。吊点要符合设计要求，若吊点无要求，必须要进行起吊验算。

(4) PC 柱起吊时慢速升起，起吊索紧绷离地面 30cm 时应停止上升，检查无误后方可起吊。

(5) 在距作业层上方 60cm 左右略作停顿，施工人员可以手扶柱子，控制柱下落方向，待到预埋钢筋顶部 2cm 处，柱两侧挂线坠对准地面上的控制线，预制柱底部套筒位置与地面预埋钢筋位置对准后，将柱缓缓下降，使之平稳就位。

(6) 调节就位步骤如下。

① 安装时由专人负责柱下口定位、对线，并用 2m 靠尺找直。安装第一层柱时，应特别注意安装精度，使之成为以上各层的基准。

② 柱临时固定：采用可调节斜支撑螺杆将柱进行固定，支撑不宜少于 2 道，其支撑点距离柱底的距离不宜小于柱高的 2/3，且不应小于柱高的 1/2。

③ 柱安装精调采用支撑螺杆上的可调螺杆进行调节。垂直方向、水平方向、标高均要校正达到规范规定及设计要求。一层柱下有柱墩时，斜支撑安装位较高，无法利用斜支撑调节柱子位置，可以制作专用调节器来调节柱的准确位置。调节器的使用方法是：将调节器勾在吊装柱超出下层柱的主筋上，利用扳手紧固螺栓来调整调节板的位置，从而支顶预制柱直到精确就位为止(见图 3.38)。

图 3.38 柱梁对齐安装

④ 安装柱的临时调节杆、支撑杆应在与之相连接的现浇混凝土达到设计强度要求后方可拆除。

5）PC 墙板安装

PC 墙板一般包括预制外墙板、外墙 PCF 板(包括转角板和一字板)、预制内墙板。

对于装配式预制剪力墙结构，通常情况下首先要安装预制外墙板和飘窗，阳台板、叠合楼板装外墙 PCF 板，然后安装预制内墙板、预制梁、预制内隔墙板、飘窗及楼梯板等，最后支模浇筑后浇混凝土，使其形成结构整体。

(1) 预制外墙板的基本安装操作步骤如下。

① 施工面清理。外墙板吊装就位之前，要将墙板下面的板面和钢筋表面清理干净，不得有混凝土残渣、油污、灰尘等。

② 粘贴底部密封条。楼板面和钢筋表面清理完成后，构件底部的缝隙要提前粘贴保温密封条，保温密封条采用橡塑棉条，其宽度为 40mm、厚度为 40mm，棉条用胶粘贴在下层墙板保温层的顶面之上，粘贴位置距保温层内侧不得小于 10mm。

③ 设置墙板标高控制垫片。墙板标高控制垫片(见图 3.39)设置在墙板下面，垫片厚度不同，最薄厚度为 1mm、总高度为 20mm。每块墙板在两端角部下面设置三点或四点，位置均在距离墙板外边缘 20mm 处，垫片要提前用水平仪测好标高，标高以本层板面设计结构标高＋20mm 为准。如果过高或过低可通过增减垫片数量进行调节，直至达到要求为止。

④ 墙板起吊。预制外墙板吊装时，必须使用专用吊运钢梁进行吊运，如图 3.40(a)所示。当墙板长度小于 4m 时，采用小型构件吊运钢梁；当墙板长度大于 4m 时，需采用大型构件吊运钢梁。起吊过程中，墙板不得与摆放架发生碰撞。

塔式起重机必须缓慢将外墙板吊起，待墙板的底面升至距地面 600mm 时略作停顿，检查吊耳是否牢固，板面有无污染破损等。若有问题必须立即处理，待确认无问题后，继续提升至安装作业面。

⑤ 吊装就位。墙板在距安装位置上方 600mm 左右略作停顿，施工人员可以手扶墙板，

图 3.39　垫片(5mm 厚)

控制墙板下落方向,墙板在此缓慢下降。待到距预埋钢筋顶部 20mm 处,利用反光镜进行钢筋与套筒的对位,预制墙板底部套筒位置与地面预埋钢筋位置对准后,将墙板缓慢下降,使之平稳就位。

⑥ 安装调节。首先,墙板安装时,由专人负责用 2m 吊线尺紧靠墙板板面下伸至楼板面进行对线(构件内侧中心线及两侧位置边线),墙板底部准确就位后,安装临时钢支撑进行固定,摘除吊钩。

其次,外墙板采用可调节钢支撑进行固定,一般情况下每块墙板安装不得少于四根支撑。安装支撑时,首先将支撑托板安装在预制墙板和楼板上,然后将钢支撑螺杆连接在墙板和楼板的支撑托板之上,钢支撑螺杆可调节长度范围不得超过 100mm。

再次,墙板安装固定后,通过钢支撑的可调螺杆进行墙板位置和垂直度的精确调整,即通过调节墙板下面的可调支撑螺杆调整墙板的里外位置,通过调节墙板上面的可调支撑螺杆调整墙板的垂直度。调节过程要用 2m 吊线尺进行跟踪检查,直至构件的位置及垂直度均校正至允许误差 2mm 范围之内。预制外墙安装的里外位置应以下层外墙面为准。

最后,安装固定预制外墙板的钢支撑,如图 3.40(b)所示,必须在本层现浇混凝土达到设计强度后,方可拆除。

(a) 墙板吊装

(b) 钢支撑固定

图 3.40　墙板吊装和钢支撑固定

(2) PC剪力墙灌浆分仓施工。当装配式剪力墙结构竖向构件连接采用灌浆连接方式时，灌浆水平距离超过3m的宜进行灌浆作业区域分割灌浆，也就是分仓灌浆。

① 灌浆分仓作业要根据灌浆部位长度及空腔容积大小进行，分仓长度一般控制在1.0～3.0m。

② 灌浆分仓材料通常采用抗压强度为50MPa的坐浆料进行分仓施工。

③ 在装配式剪力墙结构预制墙板安装固定及校正完毕后，拌制分仓坐浆料，坐浆料要严格按照要求配合比进行拌制，其稠度不宜过稠，否则将无法进行施工。

④ 分仓施工作业时，首先用与封缝高度相同宽度的木条放置在分仓位置的一侧，再用小于缝高的勾缝抹子将坐浆料在另一侧勾嵌入分仓部位，施工时要控制坐浆料的宽度在20～30mm，并保证其与主筋间的距离。坐浆料分仓时要确保严密，不得有任何缝隙，以免在灌浆施工时发生侧漏。

⑤ 坐浆分仓作业完成后，不得对构件及构件的临时支撑体系进行扰动，待24h后，方可进行灌浆施工。

(3) 灌浆施工技术。灌浆施工是装配式混凝土建筑工程施工最重要且最核心的环节之一，灌浆作业一定要严格按照规范及技术交底精心认真地进行。

灌浆施工应当在预制构件安装后及时进行，一般应随层灌浆，即安装好一层预制构件后立即进行该层灌浆。隔层灌浆甚至隔多层灌浆是存在安全隐患的。

灌浆施工前，施工单位应会同监理单位联合对灌浆准备工作、实施条件和安全措施等进行全面检查，应重点检查伸出钢筋位置和长度、结合面情况、灌浆腔连通情况、坐浆料强度、接缝分仓、分仓材料性能、接缝封堵和封堵前应签发灌浆令，灌浆令是由施工单位负责人和总监理工程师同时签发，取得灌浆令后方可进行施工。

灌浆施工操作规程(竖向套筒灌浆操作规程)如下。

① 按照灌浆料厂家提供的水料比及灌浆料搅拌操作规程进行灌浆料搅拌。

② 将灌浆机用水湿润，避免设备机体干燥吸收灌浆料拌合物内的水分，从而影响灌浆料拌合物流动度。

③ 对灌浆料拌合物流动度进行检测，记录检测数据，灌浆料拌合物流动度合格才可进行下一步操作，否则重复步骤①搅拌作业。

④ 将搅拌好的灌浆料拌合物倒入灌浆机料斗内，开始搅拌。

⑤ 待灌浆料拌合物从灌浆机灌浆管流出，且流出的灌浆料拌合物为浆料拌“柱状”后，将灌浆管插入需要灌浆的剪力墙灌浆孔，开始灌浆(见图3.41)。

⑥ 剪力墙板竖向预制构件各套筒底部接缝连通时，对所有的套筒采取连续灌浆的方式。连续灌浆是用一个灌浆孔进行灌浆，其他灌浆孔和出浆孔都作为出浆孔。

⑦ 待出浆孔出浆后用堵孔塞封堵出浆孔，封堵时需要观察灌浆料拌合物流出的状态，灌浆料拌合物开始流出时，堵孔塞倾斜45°放置在出浆孔下，待出浆孔流出圆柱状灌浆料拌合物后，用堵孔塞塞紧出浆孔。

⑧ 待所有出浆孔全部流出圆柱状灌浆料拌合物，并用堵孔塞塞紧后，灌浆机持续保持灌浆状态5～10s，关闭灌浆机，灌浆机灌浆管继续在灌浆孔保持20～25s后，迅速将灌浆机灌浆管撤离灌浆孔，同时用堵孔塞迅速封堵灌浆孔，灌浆作业完成。

⑨ 当需要对剪力墙板或柱等竖向预制构件的连接套筒进行单独灌浆时，预制构件安装

图 3.41 剪力墙灌浆

前需使用密封材料对灌浆套筒下端口与连接钢筋的缝隙进行密封。

6）非结构 PC 构件安装

PC 建筑的非结构 PC 构件是指主体结构柱、梁、剪力墙板、楼板以外的 PC 构件，包括楼梯板、阳台板、遮阳板、挑檐板、整体飘窗、女儿墙、外挂墙板等构件。

（1）预制楼梯安装。预制楼梯是最能体现装配式优势的 PC 构件。在工厂预制楼梯远比现浇方便、精致，安装后马上就可以使用，给工地施工带来了很大的便利，提高了施工安全性。

① 楼梯段构件吊装前必须整理吊具（钢丝绳的规格、长度、锁扣、卡环等必须满足吊装要求），并根据构件不同形式和大小安装好吊具，这样既节省吊装时间又可保证吊装质量和安全。

② 楼梯段构件进场后根据构件标号和吊装计划的吊装序号在构件上标出序号，并在图纸上标出序号位置，这样可直观表示出构件位置，便于吊装工和指挥操作，降低误吊概率。

③ 吊装前必须在相关楼梯段构件上将各个截面的控制线提前放好，可节省吊装、调整时间并利于质量控制。

④ 楼梯段构件吊装前下部支撑体系必须完成，吊装前必须测量并修正柱顶标高，确保与梁底标高一致，便于楼梯就位。

⑤ 复测楼梯的几何尺寸、截面尺寸、预留孔直径以及孔距；一次校核现场预留钢筋的平面间距、楼梯斜向间距、休息平台现预留楔口的尺寸等。

⑥ 楼梯吊至离地面 30cm 左右时，用水平尺测量水平，并使用葫芦将其调整水平。

⑦ 安全、缓慢地吊至就位地点上方。

⑧ 楼梯吊至梁上方 30～50cm 后，调整楼梯位置使上下平台锚固筋与梁箍筋错开，板边线基本与控制线吻合（见图 3.42）。

⑨ 根据已放出的楼梯控制线，先保证楼梯两侧准确就位，再使用水平尺和葫芦调节楼

图 3.42 预制楼梯安装

梯水平。

⑩ 板就位后调节支撑立杆，确保所有立杆全部受力。

⑪ 填补预留洞口，使用高一级的砂浆将预留洞口填补，保证楼梯不发生位移。

⑫ 在楼梯吊装完成后，及时对阳角、踏步进行包角防护，暴露在空气中的预埋铁应涂防锈漆。

(2) PC 阳台板、空调板安装。PC 阳台板、空调板等构件都属于装配式建筑非结构构件，均为悬挑构件。阳台板属于叠合板类构件，有叠合层与主体结构连接，空调板属于非叠合类构件，靠外露的钢筋与主体结构锚固在一起。由于这类构件与结构构件特点不同，因此安装时需注意如下几个问题。

① 安装前需对安装时的临时支撑做好专项方案，确保安装临时支撑安全可靠。

② 保证外露钢筋与后浇节点的锚固质量。

③ 拆除临时支撑前要保证现浇混凝土强度达到设计要求。

④ 施工过程中，严禁在悬挑构件上堆放材料及重物。

以阳台板为例，安装过程见[见图 3.43(a)]如下所述。

① PC 阳台板属于悬挑构件，故支撑体系的搭设要严格按施工方案要求进行。支撑间距不宜小于 1.2m。吊装前应调节至设计标高。

② PC 阳台板一般设置四个吊点，且会设计不同的吊具进行吊装，常见的吊具有万向旋转吊环配预埋螺母和鸭嘴口配吊钉两种形式。因此，吊装作业前必须检查吊具、吊索是否安全，检查无误后方可进行吊装作业。

③ PC 阳台板安装时必须根据设计要求，保证伸进支座的长度，待初步安装就位后，用线锤检查是否与下层阳台位置一致。

④ 待 PC 阳台板就位后，将阳台板的外露钢筋与墙体的外露钢筋焊接加固，避免在后浇混凝土时导致阳台移位。

⑤ 复查阳台位置无误后，方可摘除吊具。

空调板与阳台板相比体积较小，靠钢筋的锚固固定即可。吊装时应注意以下几点。

① 严格检查外露钢筋的长度、直径是否符合图纸要求。

② 外露钢筋与主体结构的钢筋进行焊接牢固，保证后浇混凝土时预制板位置仍保持准确。

③ 支撑架体施工前应设计做专项方案，施工时保证其稳定可靠。

④ 吊装前将架体顶端标高调整至设计标高后方可进行安装[见图 3.43(b)]。

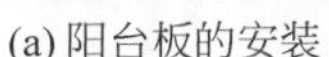

(a) 阳台板的安装　　(b) 空调板的安装

图 3.43　阳台板和空调板的安装

(3) PC 飘窗安装。飘窗属于竖向构件，但由于其结构、形状的特殊性，造成了飘窗整体起吊(见图 3.44)时不易平衡。因此在施工安装过程中应注意以下几点。

图 3.44　PC 飘窗起吊

① 如飘窗吊装前已完成窗框与玻璃的安装，则需要对其做好保护措施，如在窗框表面套上塑料保护套。因玻璃在施工过程中易碎，且较难保护，因此不建议在墙体出厂时将玻璃安装好，应待飘窗吊装完成后再进行安装。

② 飘窗运到施工现场存储时要制定好存储方案，一般采用平放或者立放两种形式，平放时在起吊前需要翻转，立放时需要采取墙体面斜支、凸出面下侧顶支的形式，以确保飘窗稳定。

③ 飘窗在起吊时，由于其有外凸部分(通常小于或等于 500mm)，导致起吊后墙体不垂

直，有一定的倾斜，对吊装施工并不会造成非常严重的影响。构件起吊后，在竖直方向上，由于构件高度一般在3000mm左右，虽然倾斜角度较小，但构件整体偏差尺寸较大，视觉冲击较大；在水平方向上，两排套筒间距在150mm左右，水平尺寸偏差很小，只有10～20mm，因此对套筒与钢筋对准不会有太大影响。

④ 在吊装过程中，下一层飘窗突出部位最前端两侧需加20～30mm的塑料垫块，两侧各放一块，避免安装下落过程中上、下层飘窗发生磕碰，同时保证在飘窗就位后使整体向内少量倾斜。这样，在调整飘窗垂直度的时候斜支撑调长外顶，要比调短内拉更好，避免将地脚预埋件拉出。

⑤ 在调整飘窗垂直度前，用撬棍配合将前端塑料垫块取出。

⑥ 飘窗在现场竖直存放时要注意，在凸起部位下面加支撑或者垫块，使之保持平衡、稳定。

⑦ 飘窗的其余安装工艺步骤与预制外墙板相同。

7）PC构件临时支撑施工

PC构件分为水平构件和竖向构件，其构件形式不同，因此临时支撑也分为两种。

（1）水平构件临时支撑。水平构件在装配式建筑中用量较大，其中包括楼板、楼梯、阳台板、空调板等。水平构件在施工过程中会承受较大的临时荷载，因此，此类构件的临时支撑就显得非常重要。

预制楼板支撑常见有两种方式，一种是采用传统满堂脚手架[见图3.45(a)]，另一种是单顶支撑[见图3.45(b)]。单顶支撑因其方便拆装，作业层整洁，调整标高快捷等优势，因此被施工单位较多采用。

(a) 传统满堂脚手架

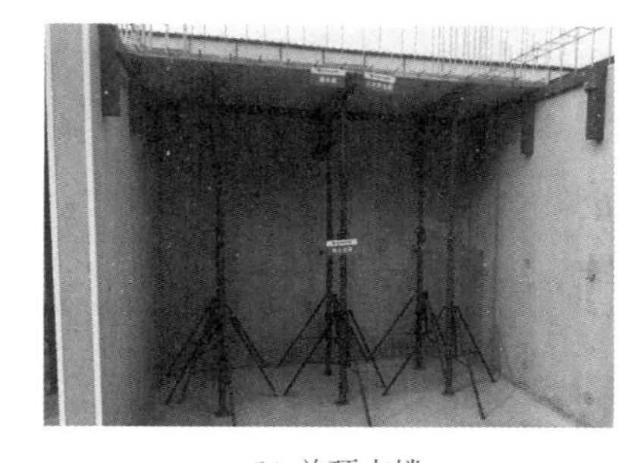

(b) 单顶支撑

图3.45 传统满堂脚手架和单顶支撑

单顶支撑搭设过程中应注意以下几点。

① 搭设临时支撑时，应严格按照设计图纸的要求进行搭设。如设计未明确相关要求，需施工单位会同设计单位、构件生产单位共同编制施工方案，报监理批准方可实施，且实施前应对相关人员做好安全技术交底工作。

② 采用独立支撑时，下端三脚架必须搭设稳定；采用传统支撑架体时，节点要保证牢固可靠，从而确保整个体系的稳定性。

③ 单顶支撑的间距要严格按照施工方案进行控制，严禁随意加大支撑间距。

④ 严格控制独立支撑距离墙体的距离。

⑤ 单顶支撑标高应严格控制，确保水平构件安装到位后平整度满足要求。

⑥ 单顶支撑的标高和轴线定位需严格控制，防止构件搭设出现高低不平的情况。

⑦ 顶部U型托内木方应严禁采用变形、腐蚀、不平直的材料，且叠合板交接处的木方需要进行搭接。

⑧ 支撑的立柱套管旋转螺母严禁使用开裂、变形的材料。

⑨ 支撑的立柱套管不允许使用弯曲、变形和锈蚀的材料。

⑩ 单顶支撑在搭设时的尺才偏差需符合表3.6要求。

表3.6 单顶支撑尺寸偏差

项目		允许偏差/mm	检验方法
轴线位置		5	钢尺检查
层高垂直度	不大于5m	6	经纬仪或吊线、钢尺检查
	大于5m	8	经纬仪或吊线、钢尺检查
相邻两板表面高低差		2	钢尺检查
表面平整度		3	2m靠尺和塞尺检查

⑪ 单顶支撑的质量标准应符合表3.7的规定。

表3.7 单顶支撑质量标准

项目	要求	抽检数量	检查方法
单顶支撑	应有产品质量合格证，质量检验报告	750根为1批，每批抽取1根	检查资料
	独立支撑钢管表面应平整光滑，不应有裂缝、结疤、分层、错位、硬弯、毛刺、压痕、深的划道及严重锈蚀等缺陷；严禁打孔	全数	目测
钢管外径及壁厚	外径允许偏差±0.5mm；壁厚允许偏差±0.36mm	3%	游标卡尺测量
扣件螺栓拧紧扭力矩	扣件螺栓拧紧扭力矩值应不小于40N·m，且不大于65N·m		

⑫ 水平支撑搭设时应具有相关的安全保证措施，具体如下。

a. 单顶支撑体系搭设前必须对操作工人进行技术和安全交底。

b. 工人在搭设支撑体系的时候必须佩戴安全防护用品，包括安全帽、安全带及反光背心。

c. 搭设单顶支撑体系时必须严格执行专项施工方案，按照独立支撑平面布置图的纵横向间距进行搭设。

d. 单顶支撑体系搭设完成后，在浇筑混凝土前工长需要通知生产经理、技术总工、质量总监、安全总监、监理及劳务吊装人员参与叠合板、叠合梁的独立支撑验收，验收合格，才可进行现浇部分混凝土的浇筑。

e. 浇筑混凝土前必须检查立柱下三脚架开叉角度是否相等，立柱上、下是否对顶紧固、不晃动，立柱上端套管是否设置配套插销，独立支撑是否可靠。浇筑混凝土时必须由模板支设班组设专人看模，随时检查支撑是否变形、松动，并组织及时恢复。

f. 搭设人员必须持证上岗，不允许患高血压、心脏病的工人上岗。

g. 上下爬梯需要搭设稳固，并定期检查，发现问题时应及时整改。

h. 楼层周边临边防护、电梯井内、预留洞口封闭必须及时搭设。

(2) 竖向构件临时支撑。竖向构件一般为预制外墙板、预制柱、PCF板等。该类预制构件通常采用斜支撑固定，临时斜支撑的主要作用是为避免预制剪力墙在灌浆料未达到强度之前出现倾覆情况，导致出现安全、质量事故。

竖向构件临时支撑作业时应注意以下几点。

① 固定竖向构件斜支撑地脚应采用预埋方式，将预埋件与楼板的钢筋网片焊接牢固，避免混凝土斜支撑受力将预埋件拔出。如果采用膨胀螺栓固定斜支撑地脚，需待楼面混凝土强度达到20MPa以上。

② 特殊位置的斜支撑(支撑长度调整后与其他多数长度不一致)宜做好标记，转至上一层使用时可直接就位，从而节约调节的时间。

③ 在竖向构件就位前宜先将斜支撑的一端固定在楼板上，待竖向构件就位后抬起另一端与构件连接固定。

④ 对于支撑预制柱的情况，如果选择在预制柱的两个竖向面上支撑，应在相邻两个面上，不可在相对的两个面。

⑤ 待竖向构件水平及垂直的尺寸调整好后，一定将斜支撑调节螺栓用力锁紧，避免在受到外力后发生松动，导致尺寸发生改变。

⑥ 在校正构件垂直度时，应同时调节两侧斜支撑，避免构件扭转，产生位移。

⑦ 吊装前应检查斜支撑的拉伸及可调性，避免在施工作业中进行更换，不得使用脱扣或杆件锈损的斜支撑。

⑧ 斜支撑与构件的夹角应在30°～45°，保证斜支撑合理的伸长度，便于施工及均匀受力。

⑨ 如果采用在楼面预埋地脚预埋件来固定斜支撑，应注意预埋位置的准确性，浇筑混凝土时应避免预埋件位置移动，如发生移动，需及时调整。

⑩ 在斜支撑两端未连接牢固前，不得脱钩，以免构件发生倾倒。

(3) 临时支撑拆除。临时支撑拆除时应按照相关规定进行，严禁提早拆除。拆除时应满足如下要求。

① 构件连接部位后浇混凝土及灌浆料的强度达到设计要求后，方可拆除临时固定措施。混凝土强度是否达到要求，因温度、湿度等外界条件对混凝土强度的影响很大，因此不能只根据时间判断，应根据同条件养护试块的强度进行判断。

② 拆除临时支撑(见图3.46)前要对所支撑的构件进行观察，看是否有异常情况，确认彻底安全后方可拆除。

图3.46　预制外墙竖向斜支撑

③ 临时支撑拆除后，要码放整齐，方便向上转运，同时保证安全文明施工。

④ 同一部位的支撑最好放在同一位置，转运至上层后放在相应位置，这样可以减少支撑的调整时间，加快施工进度。

3.4 BIM 技术在装配式建筑中的应用

3.4.1 BIM 技术应用综述

随着现代工业技术的发展，建造房屋可以像机器生产那样，成批成套地制造房子——只需将事先在预制构件厂生产好的建筑构件运输到施工现场，并将其装配起来就可以了。因此，装配式混凝土建筑的施工现场，从某种意义上来讲是一个总装车间，它的产品就是采用装配式方式建造的工业化建筑。新型装配式混凝土建筑是将设计、生产、施工、装修和管理"五位一体"的体系化和集成化的建筑，其建造方式不是单纯地将传统生产方式与预制装配化叠加起来的生产方式。建筑工业化的主要特征就是要促进信息化和建筑工业化的融合，而 BIM 技术无疑是解决这两者融合的有效手段。

建筑工业化是未来建筑发展的新趋势。在大力推动装配式建筑施工的同时，BIM 技术发展逐步体系化，为保证装配式建筑技术的成熟应用，充分与 BIM 技术结合是一条必经之路。BIM 是一种数字信息应用，可以用于建筑项目的设计阶段、施工阶段、管理阶段。

在设计阶段利用 BIM 技术构建模型能够对项目进行施工模拟（见图 3.47）、碰撞检测等，有效减少设计错误，为项目施工建设从设计阶段到后期运营提供技术支撑，为项目参建各方提供基于 BIM 的协同平台，有效提升协同合作效率。

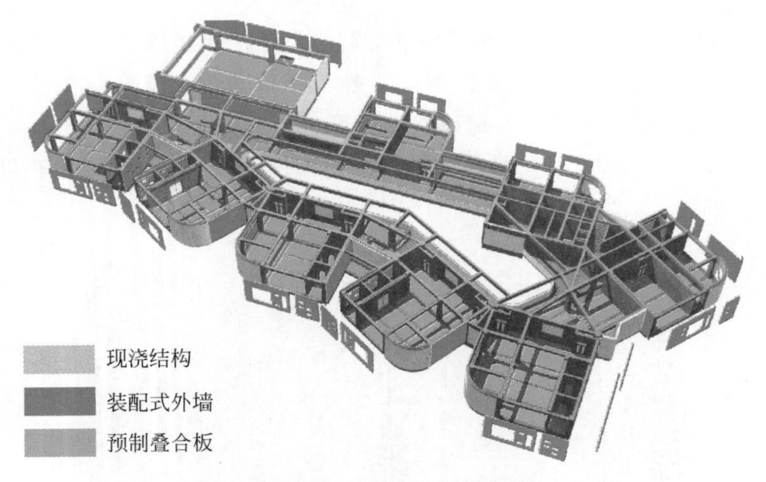

图 3.47 BIM 在项目的应用

3.4.2　BIM 技术在各阶段的应用

1. BIM 技术在装配式建筑前期的技术应用

装配式标准化族库的建立将 BIM 技术应用于装配式建筑，可以融合两者优势。装配式建筑结构模型能够依靠 BIM 技术高效实现，建立装配式标准化族库能够大大提高建模效率，并且软件中自带的碰撞校核管理器可以对模型进行碰撞信息检查，避免预制结构的连接区域钢筋密集交错出现碰撞。由于 Revit Structure 技术在构建结构模型时不能满足预制混凝土深化设计要求，所以在建模过程中我们可以应用到 Tekla Structure 软件。先利用 Revit 建立各种构件族，然后在 Tekla Structure 中开发参数化节点进行配筋。在建模过程中将相关构件做成参数化构件，形成标准化的构件库。

2. BIM 技术装配式构件生产中的应用

装配式建造周期中一项重要环节就是装配式建筑的构件生产阶段，是过渡工程项目设计和施工的重要阶段。在传统预制构件生产过程中，普遍都是设计单位向构件生产厂家提供各构件详细图纸，构件生产厂家通过二维图纸上所提供的信息进行人工读取收集，这种方式难免出现因图纸读取错误而导致构件数据错误的情况，使得设计施工无法按期开展。如果将 BIM 技术应用于装配式构件生产过程，则可以将构件模型信息直接传输给构件生产厂家，所有产品所需要的尺寸、材料、预制构件的钢筋水泥等参数信息都能够通过 BIM 软件直观地表达给构件生产厂家，所有设计单位提供的设计数据和参数都可以通过条形码的形式直接转换为加工参数(见图 3.48)。在构件生产阶段，运用 BIM 技术能够完全实现设计信息与生产系统的直观对接，避免构件的生产错误，提高预制构件生产的自动化程度和生产效率。

图 3.48　BIM 中信息跟踪

预拼装(见图 3.49)可以让工程更好地开展，保证施工进度和质量，通过进行预拼装模拟预制构件拼装，在模拟拼装过程中可以改进工程项目施工过程中的不足，调节施工进度，最重要的是可以通过预拼装制作的建筑模型对工程项目设计方案的合理性进行验证。

图 3.49　采用 BIM 技术进行预拼装

3. BIM 技术在装配式建筑施工过程中的应用

BIM 应用于装配式建筑施工过程模拟。在实际工程中,能够通过软件的施工模拟技术,演示出施工过程中可能存在的缺陷,便于及时调整施工方案,避免发生施工事故,减少资源浪费。例如在吊装预制装配式建筑构件时,在构件现场吊装管理方面也可以利用 BIM 软件,以通过在施工计划中写入构件属性的方式来构建管理模型,结合吊装方案来模拟施工(见图 3.50)。明确制订施工方案之后,工作人员就能够通过平板手持设备对工程项目全程施工进行辅助管理。在模拟施工中,吊装设备的工作范围和整个工地各运输路线的计划都要考虑,以及各施工环节的衔接配合都应在设计阶段提前计划完善,以此保证各构件的装配质量。在模拟施工过程中,要综合施工现场场地模型、施工项目结构模型和施工计划等内容,通过 BIM 软件制作具备时间节点,按施工计划顺序衔接各施工阶段的模拟动画,能将项目施工过程更加直观地表达出来。

4. BIM 应用于装配式建筑材料管理

BIM 技术可以对材料管理方面做出完善和改进。在装配式建筑施工过程中,预制构件需要现场临时堆放,而预制构件进行分类和存储会耗费极大的人力和财力,并且极易出现问题。将 BIM 技术应用于材料生产以及运输中,则能够实现对施工现场场地的准确模拟。通过对工程项目实际情况的了解,对施工各阶段所需构件数量进行提前准备,防止施工现场材料出现短缺或堆积过量的情况。验收工作者依据电子信息表对构建信息进行采集(见图 3.51),有效提高验收的工作效率。在实际施工时,如果施工进度发生变动,验收工作者要依据材料

图 3.50　BIM 模拟构件安装

图 3.51　BIM 辅助验收和统计

进场计划对实际材料进场情况进行灵活安排，确认工作区域的构件数量符合要求。待施工完毕后，利用 BIM 软件对构件和材料的实际消耗情况进行记录整理，并且对比分析各项构件材料的计划用量和实际用量，为后续施工管理的材料管控做好准备。

5. BIM 应用于装配式建筑碰撞检测

碰撞检测就是应用 BIM 软件对项目设计阶段的各项管线布置碰撞进行检查。对建筑项目设计图纸范围内的管线布设与建筑、结构平面布置和竖向高程相协调的三维协同设计工作进行完善。为防止实际工程中各构件存在空间冲突，最大限度地减少碰撞，在设计阶段做好碰撞检测(见图 3.52 和图 3.53)能够防止错误的设计方案应用于施工阶段，避免给项目工程带来不必要的损失。利用 BIM 技术制订设备管线协调方案，相比于传统方案工作效率得到了极大提高，极大限度地减少设计失误，提高了不同专业间的协作水平。理论上将 BIM 技术应用于工程项目碰撞检测能够最大程度地提高工程项目设计效率，但实际上，BIM 技术还未在碰撞检测的实际应用中得到充分实践。使用 BIM 技术进行碰撞检测的工程项目虽然得到了良好的检测效果，但在使用和管理方面仍存在许多不足之处，需要予以重视并加以解决。

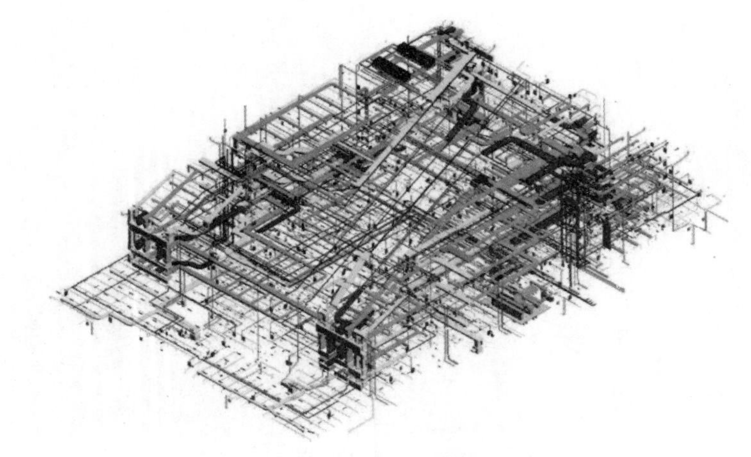

图 3.52 BIM 管道碰撞检测

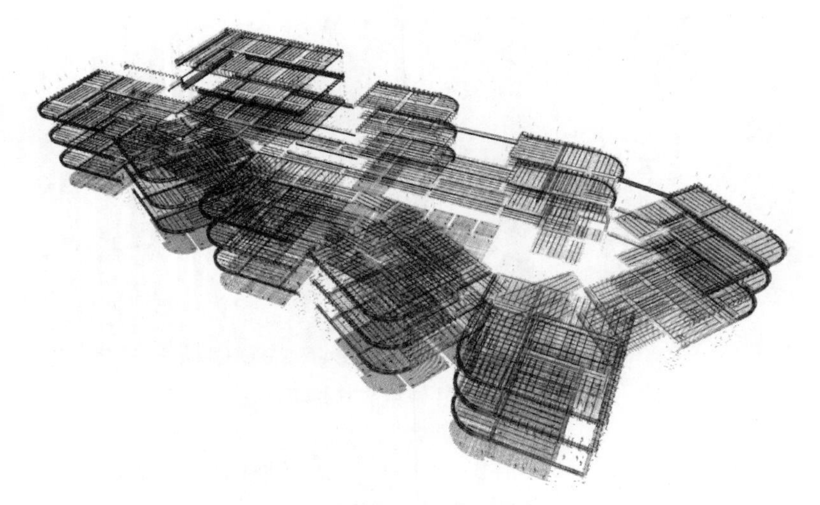

图 3.53 BIM 钢筋碰撞检测

练 习 题

1. PC 工程施工应做哪些准备工作?
2. 如何进行装配式建筑施工现场平面布置? 需注意哪些重点问题?
3. 水平及竖向构件临时支撑施工的技术要点及拆除技术要点是什么?
4. 装配式建筑评价标准中装配率计算包含哪些部分? 各部分计算标准是什么?
5. 叠合楼板及楼梯的安装工艺流程是什么?
6. 预制外墙板安装工艺流程是什么?
7. BIM 技术在装配式建筑施工中有哪些作用?

应 用 篇

第4章 建筑工程施工组织设计概述

4.1 分　　类

一般情况下，施工组织设计根据工程规模、建筑结构特点、所需技术和工艺的难易程度、施工现场的具体条件等撰写，根据编写对象及详细程度等可分为施工组织设计大纲、施工组织总设计、单位工程施工组织设计及分部分项工程作业设计，下面将分别简述。

1. 施工组织设计大纲

施工组织设计大纲的编制对象是一个投标工程项目，施工组织设计大纲是用来指导投标全过程中各项实施活动的经济、技术、组织、协调和控制的综合性文件。它是编制工程项目投标书的依据，其目的是为了中标。其主要内容一般包括：项目概况、施工目标、施工组织、施工方案、施工进度、施工质量、施工成本、施工安全、施工环保和施工平面，以及施工风险防范等。它是编制施工组织总设计的依据。

2. 施工组织总设计

施工组织总设计的编制对象是整个建设项目或民用建筑群。施工组织总设计是对整个建设工程的施工过程和施工活动进行全面规划，统筹安排，据以确定建设总工期、各单位工程开展的顺序及工期、主要工程的施工方案、各种物资的供需计划、全工地性暂设工程、施工准备工作、施工现场的布置和编制年度施工计划。由此可见施工组织总设计是总的战略部署，是指导全局性施工的技术、经济纲要。

3. 单位工程施工组织设计

单位工程施工组织设计的编制对象是各个单位工程。单位工程施工组织设计是用以直接指导单位工程的施工活动，是施工单位编制作业计划和制订季、月、旬施工计划的依据。

单位工程施工组织设计根据工程规模、技术复杂程度不同，其编制内容的深度和广度也有所不同。对于简单的单位工程，一般只编制施工方案并附以施工进度和施工平面图，即“一案、一图、一表”；对于复杂的单位工程，其内容则要丰富得多，详见施工组织设计的主要内容。

4. 分部分项工程作业设计

分部分项工程作业设计（也称为施工设计）的编制对象是某些特别重要的、技术复杂的，或采用新工艺、新技术施工的分部分项工程，如深基础、无黏结预应力混凝土、特大构件的吊装、大量土石方工程、定向爆破或冬雨季施工等。分部分项工程作业设计是直接指导分部分项工程施工的依据，其内容要求具体、详细且可操作性强。

4.2 编制原则及步骤

4.2.1 编制原则

建筑工程施工组织设计编制时，应遵循一定的编制原则，以达到经济性、质量安全等目标都符合要求的目的。一般应遵循以下原则。

1. 严格执行基本建设程序和施工程序

要严格遵守合同签订的或上级下达的施工期限，按照基建程序和施工程序的要求，保质保量完成施工任务。

2. 科学安排施工顺序

按照工程施工的客观规律安排施工程序，可将整个项目划分为几个阶段，包括施工准备、基础工程、主体结构工程、屋面工程等。在各个施工阶段之间合理搭接、衔接紧凑，在保证质量的基础上，尽可能缩短工期，加快建设速度。

3. 采用先进的施工技术和设备

在条件允许的情况下，尽可能采用先进的施工技术，不断提高施工机械化、预制装配化程度，减轻劳动强度，提高劳动生产率。

4. 应用科学的计划方法制订最合理的施工组织方案

根据工程特点和工期要求，因地制宜地采用快速施工，尽可能采用流水作业施工方法，组织连续、均衡且有节奏的施工，保证人力、物力充分发挥作用。对于复杂的工程，应采用网络计划技术找出最佳的施工组织方案。

5. 落实季节性施工的措施，确保全年连续施工

恰当地安排冬雨季施工项目，增加全年连续施工日数，应把那些确有必要而又不因冬雨季施工而带来技术复杂和造价提高的工程列入冬雨季施工，全面平衡人工、材料的需用量，提高施工的均衡性。

6. 确保工程质量和施工安全

贯彻施工技术规范、操作规程，提出确保工程质量的技术措施和施工安全措施，尤其是采用国内外先进的施工技术和本单位较生疏的新工艺时，更应注意采取合理措施确保工程质量和施工安全，杜绝事故的发生。

7. 节约基建费用，降低工程成本

合理布置施工平面图，以节约施工用地；充分利用已有设施，尽量减少临时性设施费用；尽量利用当地资源，减少物资运输量；尽量避免材料二次搬运，正确选择运输工具，以节约能源，降低运输成本，达到提高经济效益的目的。

4.2.2 编制步骤

建筑工程施工组织设计编制时，应在熟悉工程相关设计资料、工程概况、工程所在位置、施工设备等基础下，按照一定的步骤进行科学编制。一般情况下，建议采用图4.1所示的编制步骤进行建筑工程施工组织设计的编制，其关键步骤中涉及的主要内容如下。

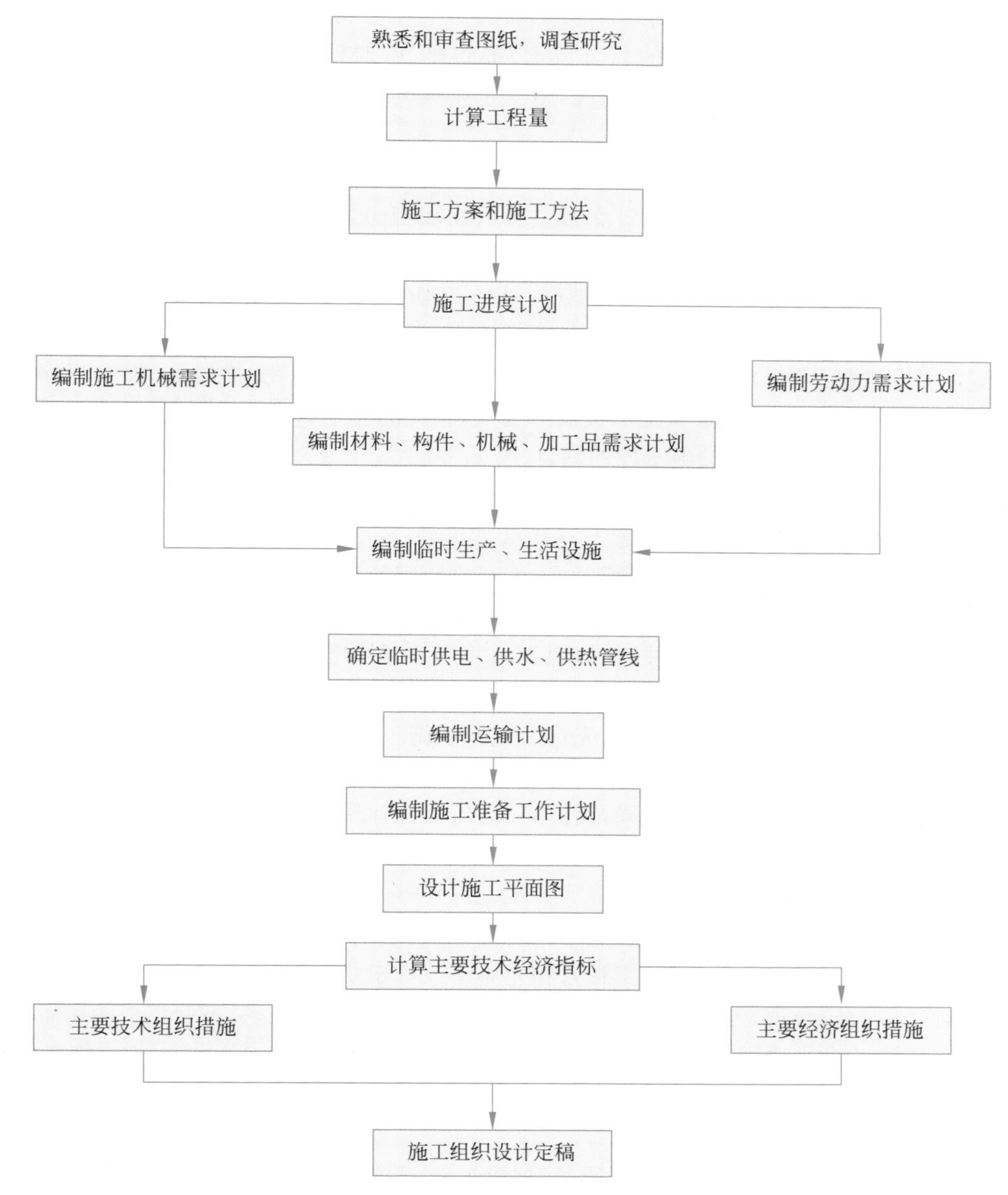

图 4.1 建筑工程施工组织设计的建议编制步骤

1. 熟悉设计资料、编写工程概况

(1) 建设概况：主要涉及工程名称、性质、用途、建筑面积、工程造价、开竣工时间等相关内容的介绍。

(2) 建筑设计特点：主要涉及平面组合形式、层数、层高、总高度、总宽度、总长度、平面形状、室内外装修的构造及做法、层面的构造及做法等相关内容的介绍。

(3) 结构设计特点：主要涉及基础的类型、形式、埋置深度，主体结构的类型，主要构件的类型等相关内容的介绍。

(4) 建设地点特征：主要涉及拟建工程的位置、地形、工程水文地质条件，风力、风向、温度及降雨情况等相关内容的介绍。

(5) 施工条件：主要涉及现场三(五或七)通一平、临时设施、周围环境等情况，当地交通运输情况，预制构件的生产和供应情况，施工企业机械、设备、劳动力供应情况等相关条件的介绍。

2. 施工方案的选择

施工方案的选择是施工组织设计中最主要的组成部分，或者说是施工组织设计的核心部分。

选择施工方案时，应满足以下基本要求：①方案切实可行；②施工期限满足合同要求；③确保工程质量和施工安全；④施工费用最低。

施工方案选择的内容主要包括：施工起点流向的确定、施工段的划分，施工程序的确定，施工顺序的确定，施工方法和施工机械的选择，相应的安全和技术措施等。

1) 施工起点流向的确定、施工段的划分

(1) 施工起点流向的确定是确定单位工程在平面上或空间上施工的起点部位和施工进行方向。确定施工起点流向时应注意下述几点。

① 生产工艺流程及投产的先后顺序，先生产或使用的部位先施工。

② 工程项目的繁简程度：技术复杂、进度慢、工期长的部位先施工。

③ 建筑物有高低层、高低跨并列时，应先从并列处开始施工。

④ 施工方法、技术要求和组织设计上要求先施工的部位先施工。

⑤ 根据工程现场条件、周边环境，先远后近开展施工。

⑥ 适应施工组织的分区分段。

(2) 施工段的划分。划分施工段是将单一而庞大的建筑物(或建筑群)划分成多个部分以形成“假定产品批量”，目的是为了组织流水施工，以充分利用工作面，避免窝工，缩短工期。施工段的划分应遵循下述原则。

① 施工段界限尽可能划分在建筑、结构缝处，以利于结构的整体性。

② 各施工段工程量大致相等，工程量相差小于或等于15%。

③ 施工段数应合理，与施工过程数相协调，既不造成窝工现象，又不使工作面闲置。

④ 施工段的大小要满足每个工人最小工作面的需要，一般250～280m^2为一施工段。

⑤ 对于多层建筑物、构筑物除划分施工段外，一般还要划分施工层。

2) 施工程序的确定

施工程序是指工程施工中为保证质量、缩短工期，各施工阶段(含各分部工程)之间固有地、不可违背地先后开展施工的客观规律。

工程施工中，各分部工程的施工程序应遵循的原则为：“先地下，后地上；先主体，后围护；先结构，后装饰”。

3) 施工顺序的确定

施工顺序是指分部工程中的分项工程或工序之间的施工先后顺序。其中，有一些分项工程或工序的先后顺序由于工艺的要求一般是固定不变的；而另外一些分项工程或工序，其施工的先后并不受工艺的限制，有很大的灵活性。对不受工艺限制的分项工程或工序，在安排顺序时，应遵循下述原则。

(1) 与选择的施工方法和采用的施工机械协调一致。

(2) 必须考虑施工组织要求,进行技术经济比较。

(3) 必须考虑施工质量的要求,便于成品保护。

(4) 必须考虑工期的要求。

(5) 必须考虑当地气候条件和安全技术要求。

4) 施工方法和施工机械的选择

施工方法是工程施工方案的核心内容。施工方法一经确定,机械的选择只能以满足它的要求为基本原则,施工组织也只能在这个基础上进行。在目前施工条件下,施工方法的确定,某种程度上就是选择施工机械的问题,有时机械选择甚至成为最主要的问题。选择施工方法和施工机械时,应着重考虑影响整个工程施工的分部分项工程,如选择占主导地位的分部分项工程;技术复杂或采用新技术、新工艺,对工程质量起关键作用的、不熟悉的特殊结构工程;特殊专业工程等。对于一般的、常见的、工人熟悉的或工程量不大、对施工全局和工期影响不大的分项工程或工序,可以不必详细拟订,只要提出应注意的问题和要求即可。

(1) 选择施工方法时应考虑以下几个方面。

① 该种施工方法是否有实现的可能性。

② 该种施工方法对工程其他施工的影响。

③ 多种可行方案进行经济比较,力求降低施工成本。

④ 该种施工方法能保证施工质量和安全。

(2) 选择施工机械时应注意下述几点。

① 所选施工机械必须满足施工需要,应考虑施工设备使用时的经济性,不要大机小用。

② 选择施工机械时,要考虑各种机械的相互配套,即以选择主导机械为主,辅助机械或以配套运输机械为辅,使其生产能力相互协调。

③ 选择施工机械时,必须从全局出发,不仅要考虑某分部分项工程施工中使用,也要考虑到其他分部分项工程是否也有可能加以利用。

④ 同一施工现场,应尽可能地减少施工机械的种类和型号。

5) 相应的安全和技术措施

相应的安全和技术措施主要包括技术措施、质量措施、安全措施、降低成本措施、冬雨季施工措施、文明施工措施。

3. 施工进度计划的编制

施工进度计划的编制是在施工方案选择完成的基础上进行的,为保证整个单位工程按期竣工,对单位工程中所有分部分项工程从开工到竣工,在时间上和空间上应进行合理安排。对进度计划的基本要求为:保证工程在合同规定的期限内完成,保证施工的均衡性与连续性,节约施工费用,降低生产成本。

施工进度计划的主要编制步骤和内容为:确定各分部分项工程的施工过程项目,计算各分部分项工程的工程量,套用施工定额,计算各分部分项工程的工作持续时间,编制进度计划图。

4. 资源需要量计划编制

按进度计划编制材料、构件供应计划,调配劳动力和机械,以保证施工的顺利进行,并且还要用资源需要量来确定施工现场临时设施的设置。资源需要量计划编制的主要内容有:

①劳动力需要量计划；②主要材料需要量计划；③构件需要量计划；④施工机械需要量计划。它们基本上都包括名称、工种/规格或型号、需要量、供应时间或进场时间等。

5. 施工平面布置图的设计

施工平面布置图的设计是为了在合理选择施工方法基础上，保证机械设备的布置、材料搬运、附属设施的布置等，其实是为了保证施工过程中的人员、材料、机械设备和各种为施工服务设施的空间需求，并提前做出最合理的分配和安排，并使它们相互之间能有效地组合和安全地运行。

单位工程施工平面图是指导一个单位工程施工平面布置的，但单位工程是由很多分部组成，每一个分部的施工内容不尽相同，当然所需人员、材料、机械也就不完全相同。严格地说，每一个施工阶段（也就是各分部）都应该设计一个施工平面图。

1）施工平面布置图的设计依据

施工平面布置图的设计依据为：①施工总平面图；②单位工程平面图和剖面图；③主要分部分项工程的施工方案；④单位工程施工进度计划、资源需要计划。

2）施工平面布置图设计的原则

施工平面布置图设计的原则为：①节约施工用地；②减少二次搬运；③压缩材料、构件储备；④尽量布置循环道路。

3）施工平面布置图的内容

施工平面布置图的内容包括：①总图上已建及拟建的永久性房屋、构筑物及地下管道等；②施工用临时设施包括运输道路、材料仓库和堆场、材料加工棚、混凝土搅拌站、沥青池、化灰池、临时建筑、临时水电管网等；③垂直运输机械及开行线路等。

4）施工平面布置图的设计步骤

施工平面布置图的设计步骤如下：①确定垂直运输机械的位置；②确定搅拌站和材料、构件堆场；③布置临时运输道路；④布置临时设施；⑤布置水电管网。

4.3 主要内容

建筑工程施工组织设计的内容要结合工程对象的实际特点、施工条件和技术水平等情况进行综合考虑，一般包括下述主要内容。

1. 工程概况

工程项目的性质、规模、建设地点、结构特点、建设期限、分批交付使用的条件、合同条件；本地区地形、地质、水文和气象情况；施工力量，劳动力、机械、材料、构件等资源供应情况；施工环境及施工条件等。

2. 施工部署及施工方案

根据工程情况，结合人力、材料、机械设备、资金、施工方法等条件，全面部署施工任务，合理安排施工顺序，确定主要工程的施工方案；对拟建工程可能采用的几个施工方案进行定性、定量的分析，通过技术经济评价，选择最佳方案。

3. 施工进度计划

施工进度计划反映了最佳施工方案在时间上的安排，采用计划的形式，使工期、成本、资源等方面，通过计算和调整达到优化配置，符合项目目标的要求；使施工有序地进行，工期、成本、资源等通过优化调整达到既定目标，在此基础上编制相应的人力和时间安排计划、资源需求计划和施工准备计划。

4. 资源供应计划

资源供应计划包括劳动力需求计划、主要材料及机械设备需求计划、预制品订货和需求计划、大型工具及器具需求计划。

5. 施工准备工作计划

施工准备工作计划包括施工准备工作组织和时间安排、施工现场内外准备工作计划、暂设工程准备工作计划、施工队伍集结、物质资源进场准备工作计划等。

6. 施工平面布置图

施工平面布置图是施工方案及进度计划在空间上的全面安排。施工平面布置图是把投入的各种资源、材料、机械、设备构件道路、水电网路和生产、生活临时设施等合理地定置在施工现场，使整个现场能进行有组织、有计划的文明施工。

7. 技术组织措施计划

技术组织措施计划包括保证和控制质量、进度、安全、成本目标的措施，季节性施工的措施，防治施工公害的措施，保护环境和生态平衡的措施，强化科学施工及文明施工的措施等。

8. 工程项目风险

工程项目风险包括风险因素的识别、风险可能出现的概率及危害程度、风险防范的对策、风险管理的重点及责任等。

9. 项目信息管理

项目信息管理包括信息流通系统、信息中心建立规划、工程技术和管理软件的选用和开发、信息管理实施规划等。

10. 主要技术经济指标

主要技术经济指标是用以评价施工组织设计的技术水平和综合经济效益，一般用施工周期、劳动生产率、质量、成本、安全、机械化程度、工厂化程度等指标表示。

11. BIM 技术或其他新技术的应用

BIM 技术主要包括根据项目的特点等建立建筑信息模型，并在建造或施工阶段应用，针对性地分析建筑在建筑施工阶段的难点，通过构建建筑信息模型解决施工阶段涉及专业多、大数据协同难度大等技术、管理等方面的问题。新技术主要是指最近出现或使用难度大、应用范围相对较小的新技术或部门推荐推广的新技术，应根据项目特点等进行选择，并根据项目特点等进行针对性应用分析和介绍。

练 习 题

1. 简述建筑工程施工组织设计的分类。
2. 简述施工段的划分原则。
3. 简述建筑工程施工组织设计的主要内容。

第5章　建筑工程施工总平面图

5.1　主要内容

建筑工程施工总平面图是拟建项目施工场地的总布置图。它按照施工部署、施工方案和施工总进度计划的要求，对施工现场的垂直运输机械、搅拌站、材料仓库或堆场、运输道路、临时设施、临时水电及动力管线等做出合理的规划布置，从而正确处理建筑工程施工期间所需各项临时设施和永久建筑以及拟建工程之间的空间关系，指导现场有组织、有计划地文明施工。

建筑工程施工总平面图应标明的内容如下。

(1) 项目施工用地范围内的地形、地貌、水文地质状况、永久性测量放线标桩位置。

(2) 一切地上、地下已有和拟建的建(构)筑物及其他设施的位置、尺寸和层数等。

(3) 一切为施工服务的临时设施的布置。其中包括以下几个部分。

① 工程施工现场的垂直运输设施、供电设施、供水供热设施、排水排污设施等。

② 工地上各种运输业务用的建筑物和道路。

③ 各种加工厂、半成品制备站及机械化装备。

④ 各种建筑材料、半成品、构/配件的仓库及堆场。

⑤ 行政管理用的办公室、施工人员的宿舍以及文化福利用的临时建筑物。

⑥ 施工现场必备的安全、消防、保卫及环境保护等设施。

(4) 取土及弃土的位置。

5.2　资料要求

在进行施工总平面图设计前，应认真研究施工方案，对施工现场进行深入调查，对原始资料做周密分析，使设计与施工现场的实际情况相符，能对施工现场空间布置起到指导作用。设计施工总平面图的依据，主要有以下三个方面的资料。

1. 设计和施工所依据的有关原始资料

(1) 自然条件资料：包括地形资料、工程地质及水文地质资料、气象资料等。主要用于确定各种临时设施的位置、布置施工排水系统，确定易燃、易爆以及有碍人体健康设施的位置等。

(2) 技术经济条件资料：包括交通运输、供水供电、地方物资资源、生产及生活基地情况等。主要用于确定仓库位置、材料及构件堆场，布置水、电管线和道路，现场施工可利用的生产和生活设施等。

2. 建筑、结构设计资料

(1) 建筑总平面图。建筑总平面图包括一切地上和地下拟建与已建的房屋、构筑物。根据建筑总平面图可确定临时房屋和其他设施的位置，以及获得修建工地临时运输道路和解决施工排水等所需资料。

(2) 地下和地上管道位置。一切已有或拟建的管道，在施工中应尽可能考虑予以利用；若对施工有影响，则需考虑提前拆除或迁移；同时应避免把临时建筑物布置在拟建的管道上面。

(3) 建筑区域的竖向设计和土方调配图。这对布置水电管线、安排土方的挖填及确定取土、弃土地点有紧密联系。

(4) 有关施工图资料。

3. 施工资料

(1) 施工方案。用于确定起重机械、施工机械、构件预制及堆场的位置。

(2) 单位工程施工进度计划。根据施工进度计划掌握施工阶段的开展情况，进而对施工现场分阶段布置规划，节约施工用地。

(3) 各种材料、半成品、构件等的需要量计划。为确定各种仓库、堆场的面积和位置提供依据。

5.3 设计原则

建筑工程施工总平面图的设计原则如下。

(1) 平面布置科学合理，尽量减少施工用地。

(2) 尽可能降低临时工程费用，充分利用已有或拟建房屋、管线、道路和可缓拆、暂不拆除的项目为施工服务。

(3) 在保证运输方便的前提下，运输费用最少。这就要求合理布置仓库、附属企业、起重设备等临时设施的位置，正确选择运输方式和铺设运输道路，减少二次搬运。

(4) 施工区域划分和场地的确定，应符合施工流程要求，尽量减少专业工种和各工程之间的干扰。

(5) 有利于生产、方便生活和管理，并应遵守防火、安全、消防、环保、卫生等有关技术标准、法规。

(6) 遵守当地主管部门关于建筑工程施工现场安全文明施工的相关规定。

5.4 步骤及方法

设计建筑工程施工总平面图的一般步骤如下。

1. 熟悉、了解和分析有关资料

熟悉、了解设计图纸和施工进度计划的要求，通过对有关资料的调查、研究及分析，掌握现场四周地形、工程地质、水文地质等实际情况。

2. 确定垂直运输机械的位置

垂直运输机械的位置直接影响到仓库、材料堆场、砂浆和混凝土搅拌站的位置，以及场内道路和水电管网的位置等。因此，应首先予以考虑。

1）固定式垂直运输机械

固定式垂直运输机械（如井架、桅杆、固定式塔式起重机等）的布置，主要应根据机械性能、建筑物平面形状和大小、施工段划分情况、起重高度、材料和构件重量和运输道路等情况而定。应做到使用方便、安全，便于组织流水施工，便于楼层和地面运输，并使其运距短。通常，当建筑物各部位高度相同时，布置在施工段界限附近；当建筑物高度不同或平面较复杂时，布置在高低跨分界处或拐角处；当建筑物为点式高层时，采用固定式塔式起重机应布置在建筑中间或转角处，井架可布置在窗间墙处，以避免墙体留槎，井架用卷扬机不能离井架架身过近。

布置塔式起重机时，应考虑塔机安拆的场地，当有多台塔式起重机时，应避免相互碰撞。

2）移动式垂直运输机械

有轨道式塔式起重机布置应考虑建筑物的平面形状、大小和周围场地的具体情况。应尽量使起重机在工作幅度内能将建筑材料和构件运送到操作地点，避免出现死角。

履带式起重机布置，应考虑开行路线、建筑物的平面形状、起重高度、构件重量、回转半径和吊装方法等。

3）外用施工电梯

外用施工电梯又称人货两用电梯，是一种安装在建筑物外部，施工期间用于运送施工人员和建筑材料的垂直提升机械。外用施工电梯是高层建筑施工中不可缺少的关键设备之一，其布置的位置：应方便人员上下和物料集散；由电梯口至各施工处的平均距离最短；便于安装附墙装置等。

4）混凝土泵

混凝土泵设置处应场地平整，道路畅通，供料方便，距离浇筑地点近，便于配管，排水、供水、供电方便，在混凝土泵作用范围不得有高压线等。

3. 选择搅拌站的位置

砂浆及混凝土搅拌站的位置，要根据房屋类型、现场施工条件、起重运输机械和运输道路的位置等来确定。布置搅拌站时应考虑尽量靠近使用地点，并考虑运输、卸料方便，或布置在塔式起重机服务半径内，使水平运输距离最短。

4. 仓库与材料堆场的布置

材料和半成品堆放是指水泥、砂、石、砖、石灰及预制构件等。这些材料和半成品堆放位置在施工平面上很重要，应根据施工现场条件、工期、施工方法、施工阶段、运输道路、垂直运输机械和搅拌站的位置以及材料储备量综合考虑。

搅拌站所用的砂、石堆场和水泥库应尽量靠近搅拌站布置。同时，石灰、淋灰池也应靠近搅拌站布置。若用袋装水泥，应设专门的干燥、防潮水泥库房；若用散装水泥，则需用水泥罐储存。砂、石堆场应与运输道路连通或布置在道路边，以便卸车。沥青堆放场及熬制锅的位置应离开易燃品仓库或堆放场，并宜布置在下风口。

当采用固定式垂直运输设备，建筑物基础和第一层施工所用材料应尽量布置在建筑物的附近；当混凝土基础的体积较大时，混凝土搅拌站可以直接布置在基坑边缘附近，待混凝土浇筑完后再转移，以减少混凝土的运输距离；同时，应根据基坑（槽）的深度、宽度和放坡坡度确定材料的堆放地点，并与基坑（槽）边缘保持一定的安全距离（大于或等于 0.5m），以避免产生土壁塌方。第二层以上用的材料、构件应布置在垂直运输机械附近。

当采用移动式起重机时，宜沿其开行路线布置在有效起吊范围内，其中构件应按吊装顺序堆放。材料、构件的堆放区距起重机开行路线不小于1.5m。

5. 运输道路的布置

应根据各加工厂、仓库及各施工对象的位置布置道路，并研究货物周转运行图，以明确各段道路上的运输负荷，区别主要道路和次要道路。规划这些道路时要特别注意满足运输车辆的安全、畅通行驶。在规划临时道路时，还应考虑充分利用拟建的永久性道路系统，提前修建或先建路基及简单路面。作为施工所需的临时道路，主要道路宜采用双车道，其宽度不得小于6m；次要道路可为单车道，其宽度不得小于3.5m。临时道路的路面结构，应根据运输情况、运输工具和使用条件来确定。道路两侧一般应结合地形设置排水沟，深度不小于0.4m，宽度不小于0.3m。

6. 临时设施的布置

临时设施分为生产性临时设施和生活性临时设施。临时设施的布置原则是有利生产、方便生活、安全防火。

生产性临时设施有钢筋加工棚、木工房、水泵房等。其中，如钢筋加工棚和木工加工棚的位置，宜布置在建筑物四周稍远位置，且有一定的材料、成品堆放场地。

生活性临时设施包括办公室、职工休息室、开水房、食堂、卫生间等，其布置应根据工地施工人数计算这些临时设施和建筑面积，尽可能利用已建的永久性房屋为施工服务。全工地行政管理用房宜设在全工地入口处。职工用的生活福利设施应设置在工人较集中的地方或工人必经之处。职工宿舍一般宜设在场外，避免设在低洼潮湿地及有烟尘不利于健康的地方。食堂宜布置在生活区，也可视条件设在工地与生活区之间。

7. 水、电管网的布置

1）施工现场临时供水

现场临时供水包括生产、生活、消防等用水。通常，施工现场临时用水尽量利用工程的永久性供水系统，减少临时供水费用。因此在做施工准备工作时，应先修建永久性给水系统的干线，至少把干线修至施工工地入口处。若是高层建筑，必要时，可增设高压泵以保证施工对水头的要求。

消防用水一般利用城市或建设单位的永久性消防设施。室外消防栓应沿道路布置，间距不应超过120m，距房屋外墙一般不小于5m，距道路不应大于4m。工地消防栓2m以内不得堆放其他物品。室外消防栓管径不得小于100mm。

临时供水管的铺设最好采用暗铺法，即埋置在地面以下，防止机械在其上行走时将其压坏。临时管线不应布置在将要修建的建筑物或室外管沟处，以免这些项目开工时，切断水源影响施工用水。施工用水龙头位置通常由用水地点的位置来确定，例如搅拌站、淋灰池、浇砖处等，此外，还要考虑室内外装修工程用水。

2）施工现场临时供电

为了维护方便，施工现场多采用架空配电线路，且要求架空线与施工建筑物水平距离不小于10m，与地面距离不小于6m，跨越建筑物或临时设施时，垂直距离不小于2.5m。现场线路应尽量架设在道路一侧，尽量保持线路水平，以免电杆受力不均。在低电压线路中，电杆间距应为25～40m，分支线及引入线均应由电杆处接出，不得由两杆之间接线。

单位工程施工用电应在全工地施工总平面图中一并考虑。一般情况下，计算出施工期间的用电总数，提供给建设单位，不另设变压器。只有独立的单位工程施工时，才根据计算的现场用电量选用变压器，其位置应远离交通要道及出入口，布置在现场边缘高压线接入处，四周用铁丝网围绕加以保护。

建筑施工过程是一个复杂多变的生产过程，工地上的实际情况是随着工程进展而不断变化的，如基础施工、主体施工、装饰施工等各阶段在施工平面图上是经常变化的。但是，对整个施工期间使用的一些主要道路、垂直运输机械、临时供水供电线路和临时房屋等，则不会轻易变动。对于一些大型建筑工程项目或施工期限较长或场地狭窄的工程，施工总平面图可以按照施工阶段分别进行设计。对于一些特殊的内容，如现场临时用电、临时用水布置等，当施工总平面图不能清晰表示时，也可单独绘制其平面布置图。

5.5 施工现场布置 BIM 技术应用

本节以书中所附工程的施工总平面布置为例，介绍利用品茗 BIM 三维施工策划软件完成项目施工三维场地部署，并输出三维场地模型、各阶段场地布置图等。

1. 熟悉项目基本情况

本项目位于某市，西邻规划八号路，南接规划三号路，北邻规划三号北路，东侧为在建商业建筑。其土方阶段施工总平面布置图如图 5.1 所示。

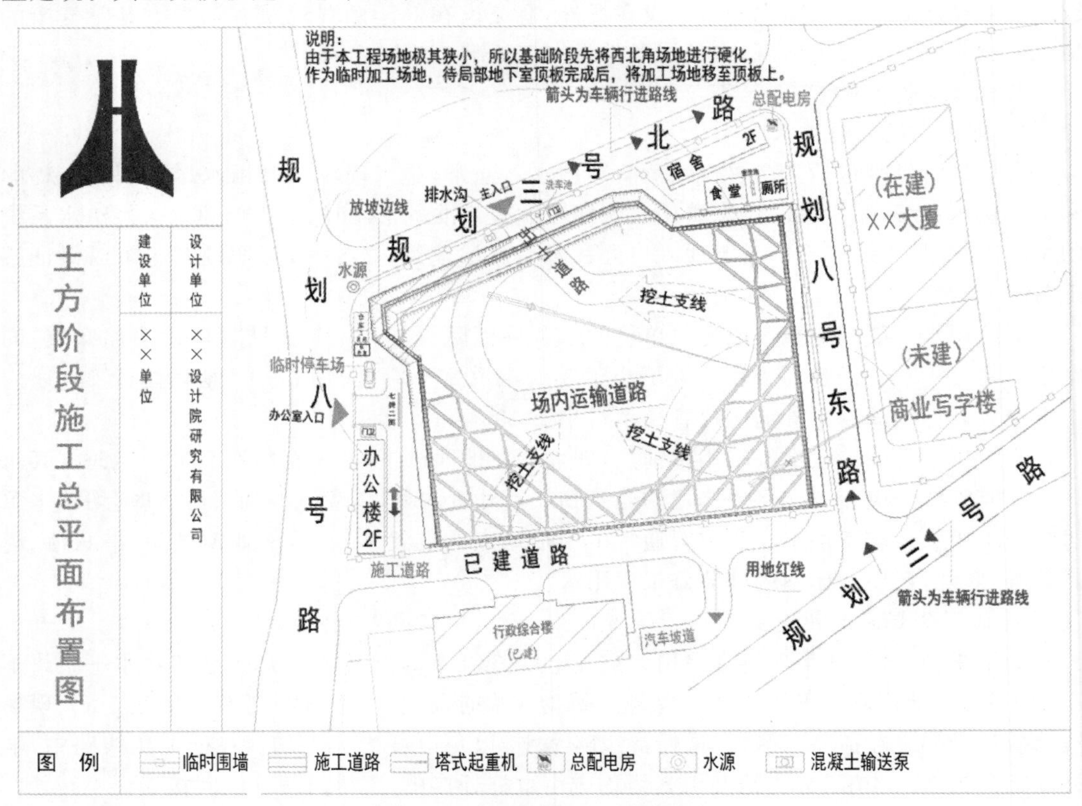

图 5.1 土方阶段施工总平面布置图

2. 新建工程

打开品茗 BIM 三维施工策划软件，进入欢迎界面，在该界面可以进行 CAD 平台切换和正式版的加密锁验证方式的设置。

首先选择新建一个工程，在输入完工程名称保存后就会打开“选择工程模板”对话框，工程模板是制定一些构件属性，适用于企业标准，这里选择默认模板，如图 5.2 所示。

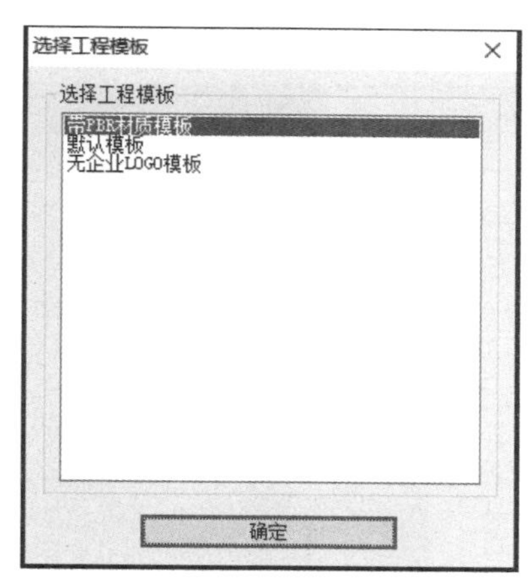

图 5.2 “选择工程模板”对话框

选择完工程模板后进入新建工程向导，需编辑工程项目概况、阶段管理等信息，编辑完成后即完成工程新建，正式登录软件操作界面。该界面主要分菜单栏、常用命令栏、构件布置区、构件列表、构件属性栏、构件大样图栏、常用编辑工具栏、阶段及楼层控制栏、命令栏、绘图区，如图 5.3 所示。

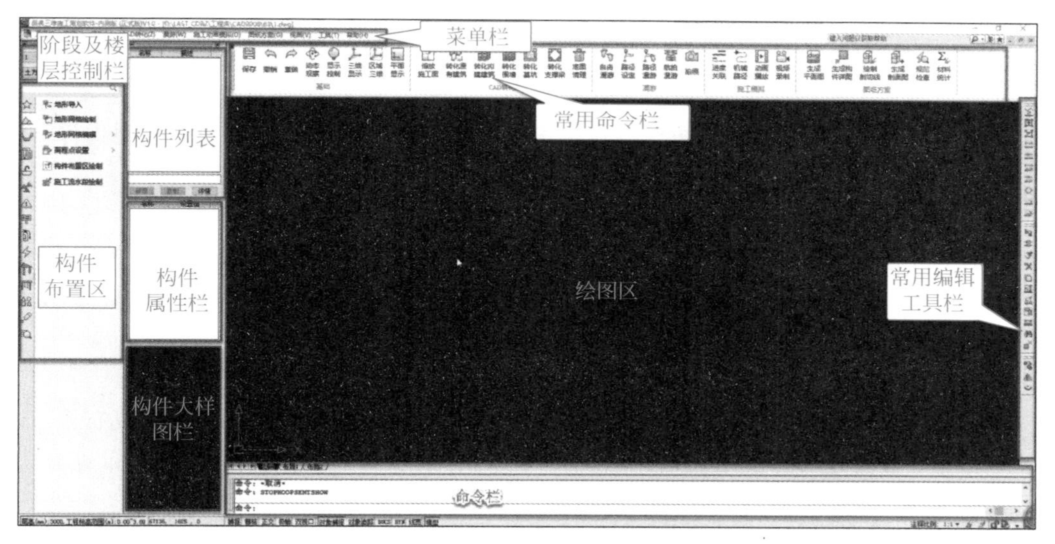

图 5.3 软件操作界面

3. 导入 CAD 图纸与比例调整

工程新建好后，就可以把施工现场总平面图 CAD 电子图，复制到软件中。首先打开该项目施工总平面图，框选土方阶段施工总平面布置图，右击选择“带基点复制”命令来复制图纸，然后在策划软件的原点附近粘贴图纸，完成后如图 5.4 所示。

在完成图纸复制后，需要先确认一下图纸的比例是否正确，需将其还原为 1∶1 的尺寸，经检查发现该图纸比例为 1∶1000，则选中复制进来的土方阶段施工总平面布置图，可通过“SC”缩放命令，将图纸放大 1000 倍。

4. 构件布置

施工场地布置涉及大量的临建设施设备，以本项目为例，分析与设计主要临时设施的布置方式。BIM 三维施工场地布置软件构件布置根据构件不同类别，主要有以下几种。

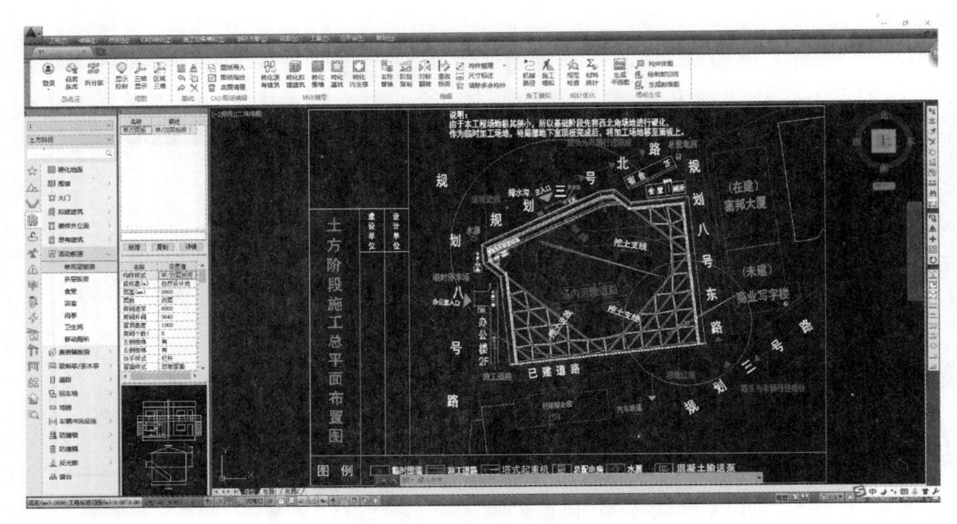

图 5.4　复制 CAD 图纸

教学视频：
工程设置及
临设布置

1）单击选择布置

单击选择布置的构件，直接单击构件布置栏的构件名称就可以直接在绘图区指定插入点，之后设置角度就可以了。此布置方式用于板房、加工棚、机械设备等块状类型构件。

2）线性布置

线性布置的构件，指定第一个点，根据命令提示行绘制后续的各点，直到完成布置。需要注意的是线性构件如果要画成闭环的，那么最后闭合的一段要用命令提示行的闭合命令完成。如果构件有内外面，注意绘制过程中的箭头指向都是外侧，顺时针和逆时针绘制是不同的。此布置方式用于道路、围墙、排水沟等线型类型构件。

3）面域布置

面域布置的构件，指定第一个点，根据命令提示行绘制后续的各点，直到完成布置，注意最后闭合的一段要用命令提示行的闭合命令完成，否则容易出现造型错误。本布置方式用于地面硬化、基坑绘制、拟建建筑绘制等面域封闭类型构件。

（1）围墙布置。围墙属于线性构件，在构件布置区“建构筑物”找到“围墙”项目，可以看到围墙分砌体围墙、彩钢瓦围挡、广告牌围挡、围栏式围挡、木栅栏围挡等，选择砌体围墙，依据项目图纸的围墙线，以画线方式完成围墙的绘制，如图 5.5 所示。大门位置可先连续完成围墙布置，在布置完大门后会自动扣减围墙。

（2）大门板房等构件布置。工地大门、板房都属于块状类型构件，可通过点选布置的方式完成布置，在构件布置区找到“矩形门梁大门”，依据图纸分别在北侧与西侧设置主次出入口，然后利用“活动板房”“集装箱板房”构件完成办公楼、宿舍、岗亭、食堂、仓库、标准养护室的布置，如图 5.6 所示。

（3）基坑布置。基坑属于面域封闭类型构件，可以通过面域构件的布置方式进行布置。在“土方构件”内找到“基坑绘制”，选择自由绘制，依据图纸的桩空位绘制一个封闭的基坑区域。除此之外，已布置完的板房区域需做地面硬化处理，本项目占地狭小，场地内均做硬化处理，在“建构筑物”内选择“地面硬化”，沿着围墙线绘制一个封闭区域。完成后如图 5.7 所示。

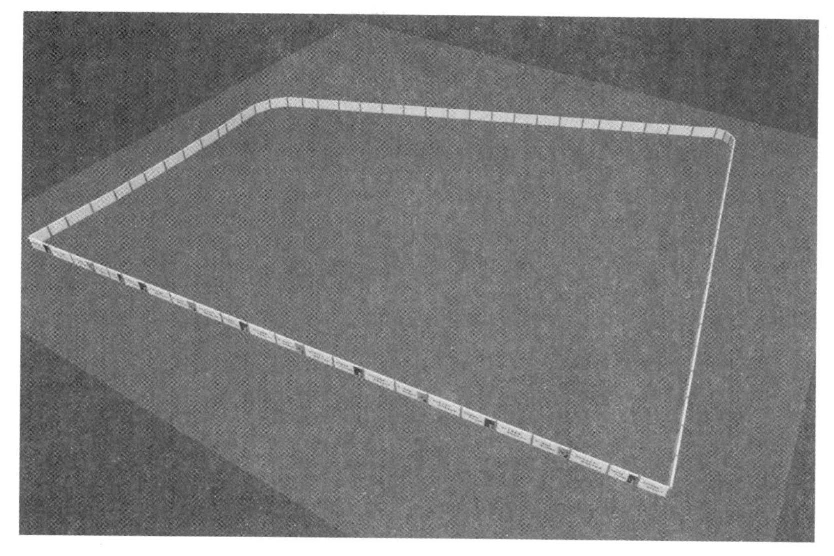

图 5.5 围墙布置

图 5.6 大门板房等构件布置

图 5.7 基坑布置与地面硬化处理

教学视频：基坑与支护的布置

5. 构件编辑

1）公有属性编辑

在构件布置过程中，经常会发生同类型构件不同属性的情况，如本项目中的仓库、标准养护室等都属于“单双层集装箱板房”，但其房间开间、进深等属性均不一致，在布置该类构件时，需在属性栏提前新建不同种类的构件，再编辑其属性进行区分。其属性编辑可以在“构件属性栏”内进行编辑，也可以双击下方的二维图纸，进入“公有属性编辑”对话框对其二维、三维进行编辑。这时候的修改针对的是所有的同名构件，如图 5.8 所示。

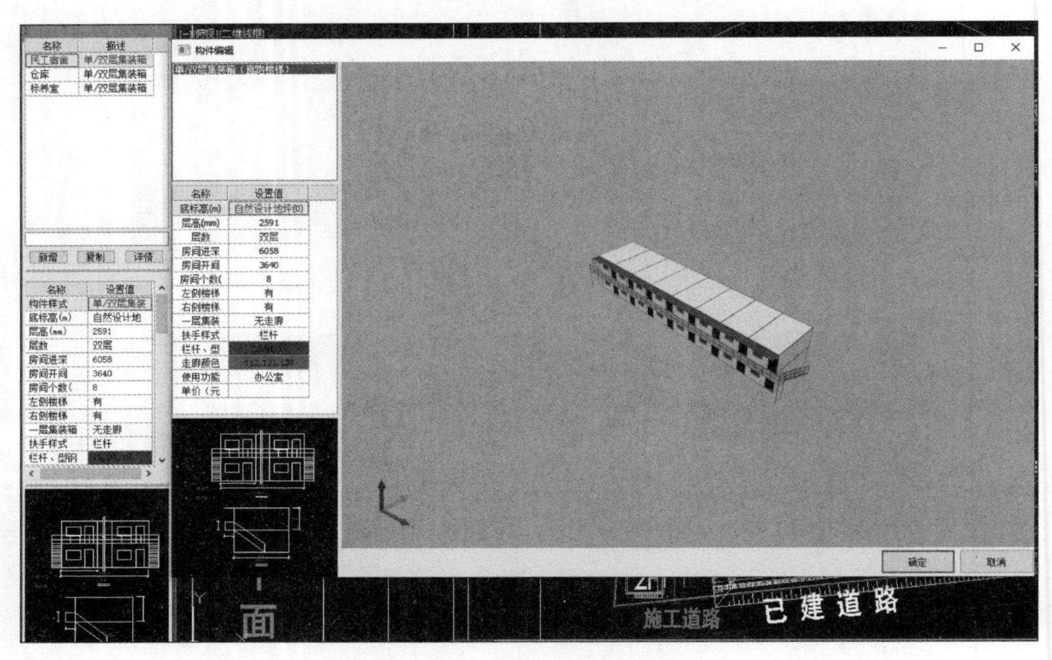

图 5.8 “公有属性编辑”对话框

2）私有属性编辑

如果项目中存在相同类型和相同用途的构件但其属性不同，如两栋不同房间数量的民工宿舍，可以双击已布置的民工宿舍构件，此时，会弹出“私有属性编辑”对话框。如需编辑，需要先取消面板下方的参数随属性命令的勾选，这种情况下对构件的修改只是针对这个选中构件的。构件变成私有属性构件之后，属性是不会随同公有属性修改而进行调整的。

3）材质图片编辑

构件的材质图片主要的编辑方式就是替换材质图片，软件中可以在“构件”的属性栏双击需要修改的材质属性、私有属性，或者在“公有属性编辑”对话框中双击需要更换材质的部位（这个部位的材质参数必须在属性栏里有），如在“矩形门梁大门”的属性栏里面找到左门柱贴图，双击后会打开“贴图材质”对话框，如图 5.9 所示，根据自己的需要选择不同的材质图片，材质图片可以下载或者自己用 PS 绘制。

本部分要求依据图纸内设置的各板房、岗亭尺寸，对其进行测量，依据测量结果修改编辑各板房的开间、进深信息。

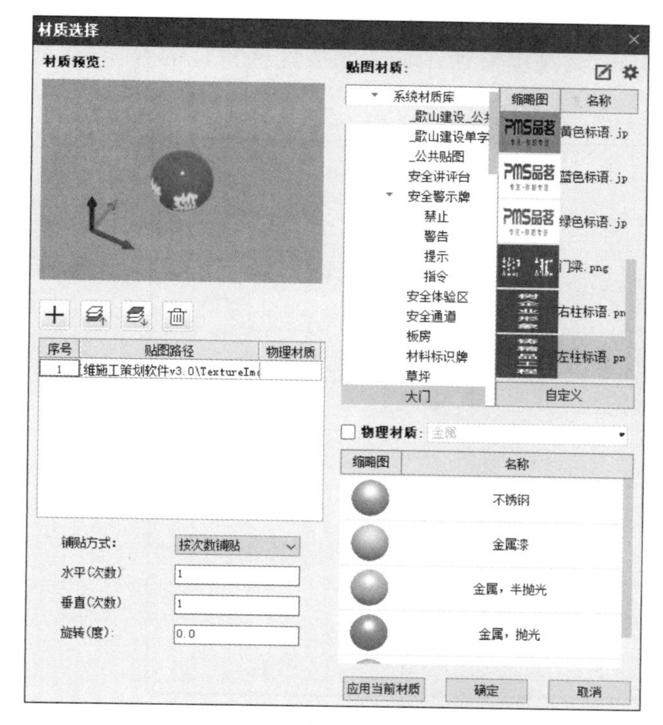

图 5.9　"贴图材质"对话框

6. 基坑属性编辑

在完成板房的属性编辑后，通过三维可以发现该基坑项目放坡后顶部超出工程用地范围，结合该项目图纸与技术指标内容要求，该基坑北部采用坡率为 1∶1 的大放坡开挖，其余范围采用 SMW 工法桩结合一道钢筋混凝土水平内支撑的围护形式。在"基坑"的属性栏中，土方绝对底标高更改为 −10.15m，放坡系数更改为 0，垂直基坑壁更改为排桩，放坡基坑壁更改为混凝土护坡。属性编辑完成后，在"基坑编辑"栏里面选择基坑放坡，选中该基坑线后按回车键；再依次选择北侧的基坑线，选择完成后按回车键；在弹出的"土方放坡设置"对话框，将放坡系数 K 更改为 1，设置为向内放坡，基坑完成该项目的基坑壁支撑设计。

本项目还涉及内支撑的设计做法，可以通过结合 CAD 图纸转化的方式完成。

单击"转化模型"按钮快速生成相应构件，如图 5.10 所示。

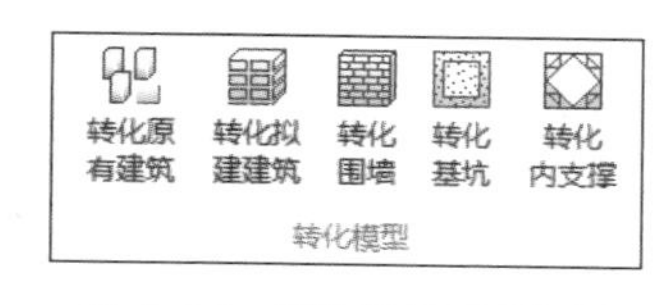

图 5.10　"转化模型"按钮

单击"转化支撑梁"按钮就可以打开"支撑梁识别"对话框，如图 5.11 所示，转化时在提取层选择支撑梁的边线，设置好支撑梁高度、道数和顶标高，单击"转化"按钮就可以快速把 CAD 图纸中的梁边线转化成支撑梁，同时自动在支撑梁交点位置生成支撑柱。需要注意的是本项目的基坑支撑梁线在基坑边缘缺少一道梁线，所以转化完成后，需要在基坑边缘位置手动绘制圈梁。

7. 道路及其余构件的补充

根据上述构件布置方式，补充场外城市道路、场内施工道路、堆场、塔式起重机、场外原有建筑物等构件。在布置时，通过图纸与技术指标内容要求，调整各构件属性尺寸。如本项目两台塔式起重机，均采用格构式基础，北侧塔式起重机吊臂的半径为 60m，东南侧塔式起重机吊臂的半径为 35m，其高度有所不同。完成这些构件的补充后，基本完成土方阶段的三维场地布置，如图 5.12 所示。

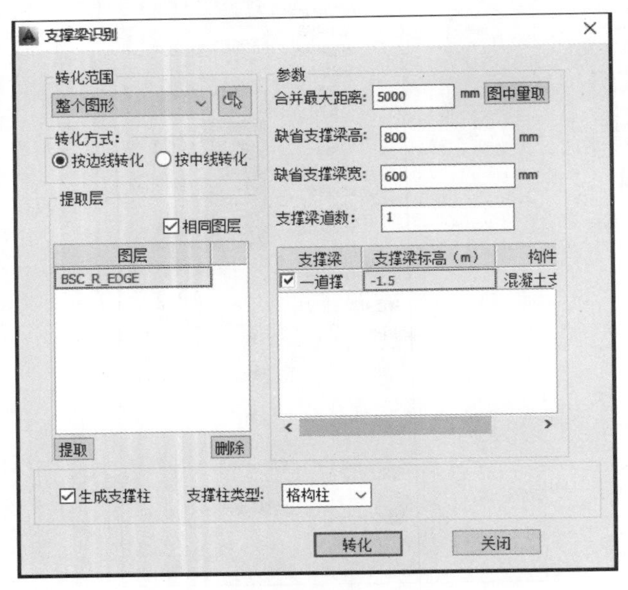

图 5.11 “支撑梁识别”对话框

教学视频：堆场加工区布置

图 5.12 土方阶段的三维场地布置

8. 阶段复制

在完成土方阶段的三维场地布置后，还需完成主体装饰等其余阶段的场地布置。选择“编辑”中的“阶段复制”命令，弹出“施工阶段复制”对话框，如图 5.13 所示，选择将除土方外的其余构件复制到主体阶段。

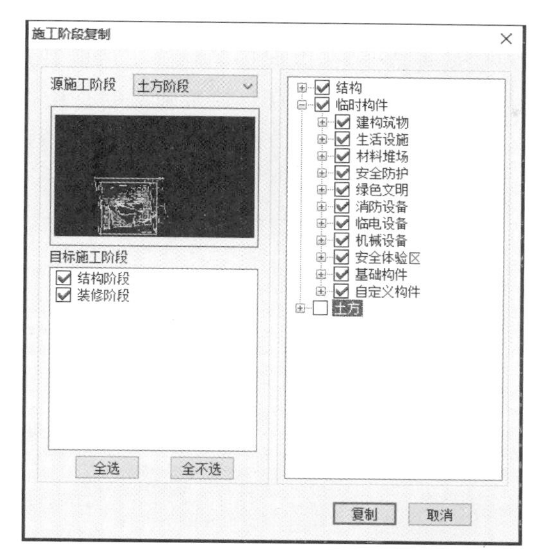

图 5.13 “施工阶段复制”对话框

在完成施工阶段复制后，选择“CAD 转化”中的“底图清理”命令，将土方阶段的 CAD 图纸清理，然后将项目结构阶段总平面图通过带基点复制至软件，以围墙为基点保持重合。然后再依次补充该项目的拟建建筑物、脚手架、人货梯、各类施工堆场等构件。最终完成如图 5.14 所示的主体阶段场地布置。

图 5.14 主体阶段场地布置

教学视频：拟建建筑与机械设备布置

教学视频：安全防护与消防设施的布置

9. 规范检查

在场地布置时需参考对应的规范要求，以保证项目施工的顺利进行。对场地进行布置完成后，可以单击“规范检查”按钮，软件会自动根据《建筑施工安全检查标准》(JGJ 59—2011)和《建设工程施工现场消防安全技术规范》(GB 50720—2011)两个规范对平面布置图进行检查，并给出检查意见，如图5.15所示。

检查结果

《建筑施工安全检查标准》(JGJ 59—2011)　《建筑工程施工现场消防安全技术规范》(GB 50720—2011)

阶段	问题描述	判断依据	整改意见	构件
土方阶段				
1	未按规定悬挂安全标志	3.1.4-4	施工现场入口处及主要施工区域、危险部位应设置相应	安全警示牌、安全警示灯
2	未设置大门	3.2.3-2	施工现场进出口应设置大门，并应设置门卫值班室	大门
3	未设置车辆冲洗设施	3.2.3-2	施工现场出入口应标有企业名称或标识，并应设置车辆	洗车池
4	未采取防尘措施	3.2.3-3	施工现场应有防止扬尘措施	防扬尘喷洒设施
5	未采取防止泥浆、污水、废水污染环境措施	3.2.3-3	施工现场应有防止泥浆、污水、废水污染环境的措施	沉淀池
6	未设置吸烟处	3.2.3-3	施工现场应设置专门的吸烟处，严禁随意吸烟	茶水亭/吸烟室
7	未进行绿化布置	3.2.3-3	温暖季节应有绿化布置	花坛、草坪、树、灌木、花
8	施工现场消防通道、消防水源的设置不符合规范要求	3.2.3-6	施工现场应设置消防通道、消防水源，并应符合规范要	消防栓
9	生活区未设置供作业人员学习和娱乐场所	3.2.4-1	生活区内应设置供作业人员学习和娱乐的场所	健身器材
10	未设置宣传栏、读报栏、黑板报	3.2.4-2	应有宣传栏、读报栏、黑板报	宣传窗
11	未设置淋浴室	3.2.4-3	应设置淋浴室，且能满足现场人员要求	浴室
12	在建工程的孔、洞未采取防护措施	3.13.3-5	在建工程的预留洞口、楼梯口、电梯井口等孔洞应采取	水平洞口防护
13	未搭设防护棚	3.13.3-6	应搭设防护棚且防护严密、牢固	安全通道
结构阶段				
1	未按规定悬挂安全标志	3.1.4-4	施工现场入口处及主要施工区域、危险部位应设置相应	安全警示牌、安全警示灯
2	未设置大门	3.2.3-2	施工现场进出口应设置大门，并应设置门卫值班室	大门
3	未设置车辆冲洗设施	3.2.3-2	施工现场出入口应标有企业名称或标识，并应设置车辆	洗车池
4	未采取防尘措施	3.2.3-3	施工现场应有防止扬尘措施	防扬尘喷洒设施
5	未采取防止泥浆、污水、废水污染环境措施	3.2.3-3	施工现场应有防止泥浆、污水、废水污染环境的措施	沉淀池
6	未设置吸烟处	3.2.3-3	施工现场应设置专门的吸烟处，严禁随意吸烟	茶水亭/吸烟室
7	未进行绿化布置	3.2.3-3	温暖季节应有绿化布置	花坛、草坪、树、灌木、花
8	施工现场消防通道、消防水源的设置不符合规范要求	3.2.3-6	施工现场应设置消防通道、消防水源，并应符合规范要	消防栓
9	生活区未设置供作业人员学习和娱乐场所	3.2.4-1	生活区内应设置供作业人员学习和娱乐的场所	健身器材

导出到Excel　确定　取消

图5.15　规范检查

10. 三维显示

三维显示(见图5.16)是集合了软件内的除动画外的所有三维功能，主要有三维观察、三维编辑、自由漫游、路径漫游(包括漫游路径绘制)、航拍漫游、三维全景、设置(包括光源配置设置、相机设置)、构件三维显示控制、视角转换。另外三维视口具备二维和三维构件实时联动刷新，可双屏同时显示，同时界面右上角包含视频录制和屏幕置顶功能。

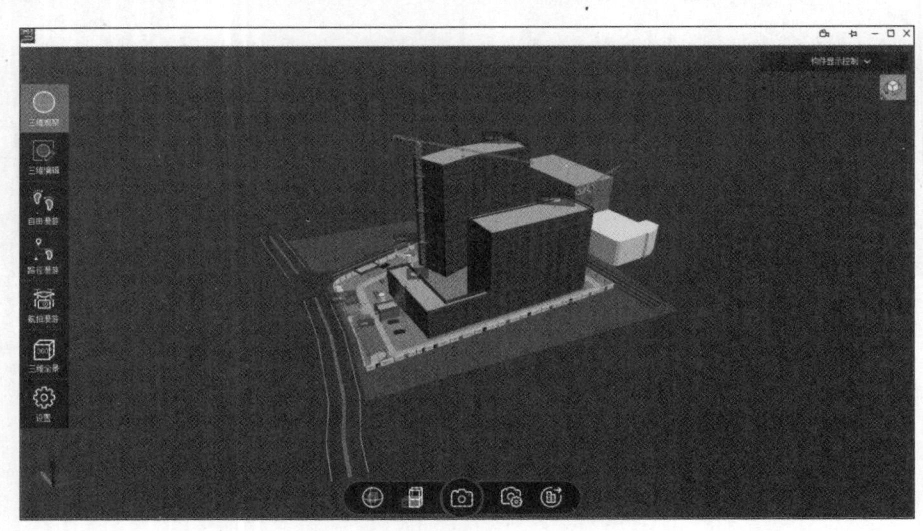

图5.16　三维显示

1）三维观察

三维显示后单击“三维观察”按钮，如图5.17所示，主要功能为可动态观察所有的构件。另外，该界面内可以进行自由旋转、剖切观察、拍照、相机设置、导出为SKP格式文件。

图5.17 三维观察

自由旋转：整体三维效果可以进行顺时针或者逆时针旋转，可以通过鼠标来调整旋转方向以及旋转速度，方便观察三维整体效果。

剖切观察：可以把整个布置区进行上、下、左、右、前、后六个面自由剖切，从而观察特定剖切面三维效果。

拍照：单击“拍照”按钮会自动弹窗拍下并保存当前视口照片的PNG格式图片。

相机设置：单击“相机设置”按钮弹出下行窗口，可以同时保存三维观察时的5个视角（与自由漫游时保存的视角不共用），单击“保存视角”按钮就可以在选定的视角框保存一个视角，单击保存的视角三维视口会自动跳转到该视角；画质设置可以直接设置拍照图片的画质，高清渲染拍照需要消耗大量系统资源，需要根据计算机性能自行考虑。

2）三维编辑

三维显示后单击“三维编辑”按钮，如图5.18所示，主要功能为在三维视口中可以编辑构件和地形。

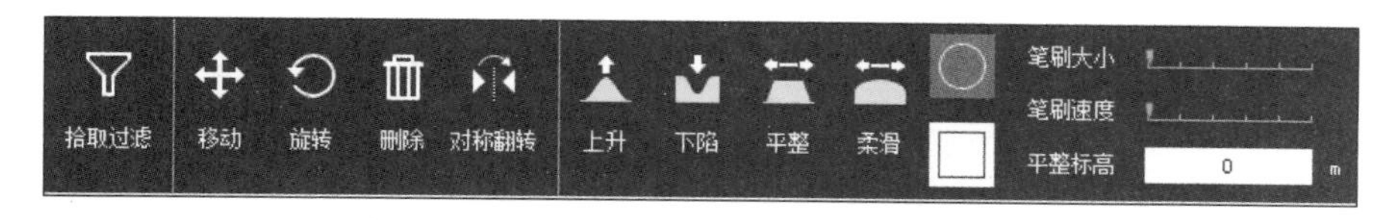

图5.18 三维编辑

拾取过滤：拾取过滤相应构件或类构件，三维中该构件或该类构件就不能被选择。

移动：单击命令后选择需要移动的构件，右击确定选择，会出现可以移动的三维坐标，把构件移动到指定的位置，右击确定保存。

旋转：单击命令后选择需要旋转的构件，右击确定选择，会出现可以旋转的红色箭头圆环，把构件旋转到指定的角度，右击确定保存。

删除：单击命令后选择需要删除的构件，右击确定选择。

对称翻转：单击命令后选择需要翻转的构件，右击确定选择。

上升、下陷、平整、柔滑是地形编辑命令，可以调整地形的样子；圆圈和方块是笔刷的造型；笔刷大小影响笔刷单次修改的范围；笔刷速度影响单次修改的地形变化程度；平整标高设置的是平整命令时地形平整后的标高。

3）自由漫游

三维显示后单击“自由漫游”按钮，如图 5.19 所示，可以人的视角在三维视口中进行移动观察，并选取需要的角度进行拍照截图。

图 5.19 自由漫游

在“拍照”按钮的右下角有一个“拍照设置”按钮，单击后可以同时保存漫游观察时的 5 个视角（与三维观察时保存的视角不共用）；单击“保存视角”按钮可以在选定的视角框保存一个视角，单击保存的视角三维视口会自动旋转到该视角；画质设置可以直接设置拍照图片的画质，高清渲染拍照需要消耗大量系统资源，需要根据计算机性能自行考虑。

4）路径漫游

三维显示后单击“路径漫游”按钮，如图 5.20 所示，可以绘制漫游路径，并按绘制的路径生成漫游动画进行观察。

图 5.20 路径漫游

5）航拍漫游

三维显示后单击“航拍漫游”按钮，如图 5.21 所示，通过设置航拍点与关键帧生成航拍动画并导出。

6）三维全景

三维显示后单击“三维全景”按钮，如图 5.22 所示，可以生成 360°全景视图，并在各个相机视图之间进行切换漫游的功能，生成的成果可以通过二维码或者链接分享给朋友。

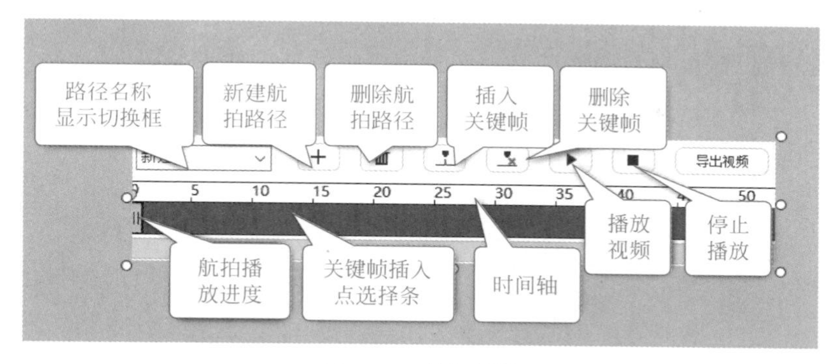

图 5.21 航拍漫游

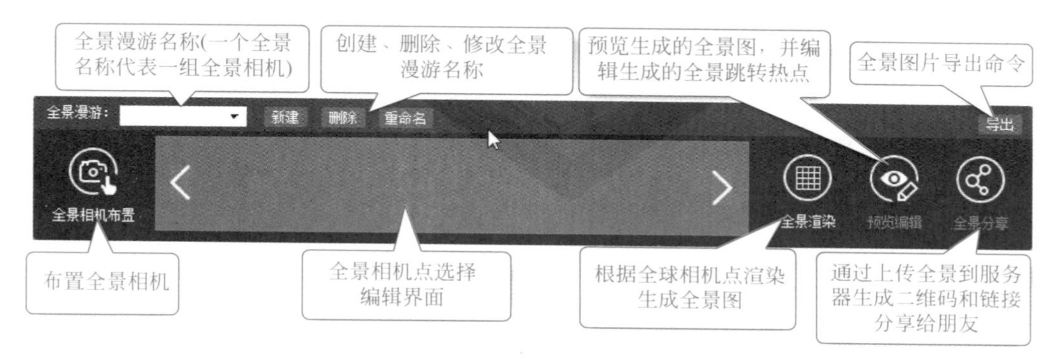

图 5.22 三维全景

7）三维设置

三维显示后单击“设置”按钮，如图 5.23 所示，可以调整三维界面中的天空背景、光效设置、地形材质及相机效果。

图 5.23 三维设置

天空背景可以设置三维背景，白天黑夜变化、光源强度、光照位置等内容，会影响三维时的亮度、阴影情况。

光效设置包含阴影、SSAO、全局光、环境、雾气、水面的光影效果，调高后会占用大量资源，造成计算机卡顿，建议在高配置环境中使用。

地形材质用于更改外部地形材质贴图。

相机效果用于拍照时增加滤镜、广角设置、投影情况等。

8）总体效果

完成三维设置后，本项目的施工平面布置三维设计总体效果如图 5.24 和图 5.25 所示。

图 5.24　总体效果一

图 5.25　总体效果二

练　习　题

1. 设计施工总平面图时应具备哪些资料？考虑哪些因素？
2. 建筑工程施工总平面图的基本内容和设计原则是什么？
3. 试述施工总平面图设计的步骤和方法。

第6章 危险性较大的分部分项工程安全专项施工方案

6.1 危险性较大的分部分项工程介绍

建筑行业是我国的支柱产业之一，其中建筑工程施工发挥着重要的作用。通常，建筑工程施工分为不同的阶段，不同的施工阶段有不同的施工方法、施工设备、施工人员及施工材料等，施工时这些因素会在某一时段及空间进行汇聚，以实现设计目标建(构)筑物的建造。因而此时就存在工程施工风险，需要进行有针对性的处理，形成合理的施工对策和安排等，以达到顺利完成建造过程并降低施工风险的目的。

随着建筑物的规模、建筑高度、建筑跨度等的增大，地下室等地下空间的利用也越来越广，地下空间深度越来越大，这导致了建筑工程施工的难度进一步加大，相应的建筑工程施工风险也越来越大。建筑工程施工过程中出现的很多工程施工事故，不仅造成了大量的经济损失，还造成了人员伤亡，轻则影响工程造价和进度，重则影响社会经济的发展。为此，中华人民共和国住房和城乡建设部于2009年发布了《危险性较大分部分项工程管理办法》(建办质[2009]87号)，2018年又发布了《危险性较大分部分项工程安全管理规定》(住建部令2018年37号)，替代建办质[2009]87号，针对房屋建筑工程施工中危险性较大分部分项工程进行加强管理，以降低工程事故风险及数量。为了解危险性较大的工程施工情况，本章将简单介绍一下建筑工程施工中危险性较大分部分项工程。该部分涉及的危险性较大分部分项工程需要编制安全专项施工方案，超过一定规模的危险性较大的分部分项工程需在施工方案论证通过后方可施工。

6.1.1 危险性较大的分部分项工程范围

1. 基坑工程

(1) 开挖深度超过3m(含3m)的基坑的土方开挖、支护、降水工程。

(2) 开挖深度虽未超过3m，但地质条件、周围环境和地下管线复杂，可能影响毗邻建(构)筑物安全的基坑的土方开挖、支护、降水工程。

2. 模板工程及支撑体系

(1) 各类工具式模板工程：包括滑模、爬模、飞模等工程。

(2) 混凝土模板支撑工程：搭设高度5m及以上，或搭设跨度10m及以上，或施工总荷载(荷载效应基本组合的设计值，以下简称设计值)$10kN/m^2$及以上，或集中线荷载(设计值)15kN/m 及以上，或高度大于支撑水平投影宽度且相对独立无联系构件的混凝土模板支撑工程。

(3) 承重支撑体系：用于钢结构安装等满堂支撑体系。

3. 起重吊装及起重机械安装拆卸工程

(1) 采用非常规起重设备、方法，且单件起吊重量在 10kN 及以上的起重吊装工程。

(2) 采用起重机械进行安装的工程。

(3) 起重机械安装和拆卸工程。

4. 脚手架工程

(1) 搭设高度 24m 及以上的落地式钢管脚手架工程(包括采光井、电梯井脚手架)。

(2) 附着式升降脚手架工程。

(3) 悬挑式脚手架工程。

(4) 高处作业吊篮。

(5) 卸料平台、操作平台工程。

(6) 异型脚手架工程。

5. 拆除工程

可能影响行人、交通、电力设施、通信设施或其他建(构)筑物安全的拆除工程。

6. 其他

(1) 建筑幕墙安装工程。

(2) 钢结构、网架和索膜结构安装工程。

(3) 人工挖孔桩工程。

(4) 水下作业工程。

(5) 装配式建筑混凝土预制构件安装工程。

(6) 采用新技术、新工艺、新材料、新设备可能影响工程施工安全，尚无国家、行业及地方技术标准的分部分项工程。

6.1.2 超过一定规模的危险性较大的分部分项工程范围

1. 深基坑工程

开挖深度超过 5m(含 5m)的基坑的土方开挖、支护、降水工程。

2. 模板工程及支撑体系

(1) 各类工具式模板工程：包括滑模、爬模、飞模等工程。

(2) 混凝土模板支撑工程：搭设高度 8m 及以上，或搭设跨度 18m 及以上，或施工总荷载(设计值)15kN/m^2 及以上，或集中线荷载(设计值)20kN/m 及以上。

(3) 承重支撑体系：用于钢结构安装等满堂支撑体系，承受单点集中荷载 7kN 及以上。

3. 起重吊装及起重机械安装拆卸工程

(1) 采用非常规起重设备、方法，且单件起吊重量在 100kN 及以上的起重吊装工程。

(2) 起重量 300kN 及以上，或搭设总高度 200m 及以上，或搭设基础标高在 200m 及以上的起重机械安装和拆卸工程。

4. 脚手架工程

(1) 搭设高度 50m 及以上的落地式钢管脚手架工程。

(2) 提升高度在 150m 及以上的附着式升降脚手架工程或附着式升降操作平台工程。

(3) 分段架体搭设高度 20m 及以上的悬挑式脚手架工程。

5. 其他

(1) 施工高度 50m 及以上的建筑幕墙安装工程。

(2) 跨度 36m 及以上的钢结构安装工程,或跨度 60m 及以上的网架和索膜结构安装工程。

(3) 开挖深度 16m 及以上的人工挖孔桩工程。

(4) 水下作业工程。

(5) 重量 1000kN 及以上的大型结构整体顶升、平移、转体等施工工艺。

(6) 采用新技术、新工艺、新材料、新设备可能影响工程施工安全,尚无国家、行业及地方技术标准的分部分项工程。

6.1.3 危险性较大的分部分项工程施工方案的编制及论证

危险性较大的分部分项工程施工方案的编制及论证流程图如图 6.1 所示。

施工单位应当在危险性较大的分部分项工程施工前组织工程技术人员编制专项施工方案。实行施工总承包的专项施工方案应当由施工总承包单位组织编制。危险性较大的分部分项工程实行分包的专项施工方案可以由相关专业分包单位组织编制。

专项施工方案应当由施工单位技术负责人审核签字、加盖单位公章,并由总监理工程师审查签字、加盖执业印章后方可实施。危险性较大的分部分项工程实行分包并由分包单位编制专项施工方案的,专项施工方案应当由总承包单位技术负责人及分包单位技术负责人共同审核签字并加盖单位公章。

对于超过一定规模的危险性较大的分部分项工程,施工单位应当组织召开专家论证会对专项施工方案进行论证。实行施工总承包的,由施工总承包单位组织召开专家论证会。专家论证前专项施工方案应当通过施工单位审核和总监理工程师审查。

专家论证会后,应当形成论证报告,对专项施工方案提出通过、修改后通过或者不通过的一致意见,专家对论证报告负责并签字确认。

专项施工方案经论证需修改后通过的,施工单位应当根据论证报告修改完善后,专项施工方案应当由施工单位技术负责人审核签字、加盖单位公章,并由总监理工程师审查签字、加盖执业印章后方可实施。专项施工方案经论证不通过的,施工单位修改后应当按照本规定的要求重新组织专家论证。

超过一定规模的危险性较大的分部分项工程专项施工方案专家论证会的参会人员应当包括以下几类。

(1) 专家(应当从地方人民政府住房城乡建设主管部门建立的专家库中选取,符合专业要求且人数不得少于 5 名,与本工程有利害关系的人员不得以专家身份参加专家论证会)。

(2) 建设单位项目负责人。

(3) 有关勘察、设计单位项目技术负责人及相关人员。

(4) 总承包单位和分包单位技术负责人或授权委派的专业技术人员、项目负责人、项目技术负责人、专项施工方案编制人员、项目专职安全生产管理人员及相关人员。

(5) 监理单位项目总监理工程师及专业监理工程师。

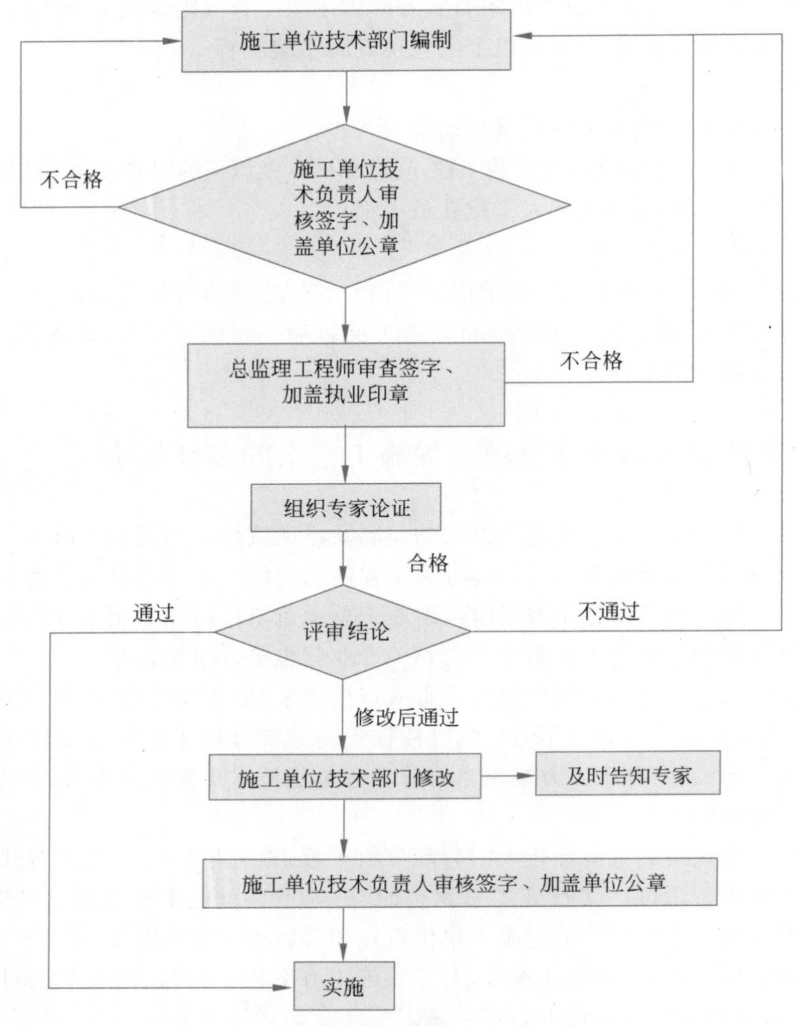

图 6.1　危险性较大的分部分项工程施工方案的编制及论证流程图

6.2　深基坑工程安全专项施工方案

6.2.1　编制依据

深基坑工程安全专项施工方案编制依据一般包括设计施工规范、法律法规、工程施工的相关文件等。

1. 相关设计、施工规范、法律法规

(1)《建筑基坑支护技术规程》(JGJ 120—2012)。

(2)《混凝土结构设计规范》(GB 50010—2010,2015 年版)。

(3)《混凝土结构工程施工质量验收规范》(GB 50204—2015)。

(4)《建筑基坑工程监测技术规范》(GB 50497—2009)。

(5)《建筑桩基技术规范》(JGJ 94—2008)。

(6)《建筑深基坑工程施工安全技术规范》(JGJ 311—2013)。

(7)《危险性较大的分部分项工程安全管理规定》住建部令 2018 年 37 号。

(8)《危险性较大的分部分项工程安全管理规定》有关问题的通知(建办质[2018]31 号)。

(9) 地方性标准或行业标准,如《上海市基坑工程技术规范》(DG/TJ 08—61—2018)、浙江省标准《建筑基坑工程技术规程》(DB33/T 1096—2014)等。

(10) 其他相关的设计、施工验收规范、规程、施工手册等。

2. 工程施工的相关文件

(1) 建筑及结构设计等施工图。

(2) 深基坑支护设计施工图。

(3) 本工程的岩土勘察报告。

(4) 本工程的施工组织设计文件。

(5) 本工程的施工合同。

(6) 本工程相关的其他文件等。

6.2.2 主要内容

深基坑工程安全专项施工方案的内容应包括:支护结构的施工、机械选择、基坑开挖时间、分层开挖深度及开挖顺序、坡道位置和车辆进出场道路、施工进度和劳动组织安排、降排水措施、监测方案、质量和安全措施以及基坑开挖对周围建筑物需采取的保护措施等。

基坑开挖工程包括无支护结构的放坡基坑开挖和有支护结构的基坑开挖,以及与之相配合的地下水控制措施。基坑开挖前,应根据支护工程结构形式、基坑深度、地质条件、气候条件、周围环境、施工方法、施工工期和地面荷载等有关资料,确定基坑开挖和地下水控制施工方案。基坑开挖时,应对平面控制桩、水准点、基坑平面位置、水平标高、边坡坡度等经常复测检查。基坑周围地面应进行防水、排水处理,严防雨水等地面水浸入基坑周边土体。

深基坑工程安全专项施工方案主要内容一般包括以下方面。

(1) 工程概况:工程所在位置、占地面积、工程周边状况、工程特点。

(2) 编制依据:相关的基坑设计规范标准、相关法律法规及政策规定、设计施工图、工程地质勘察报告、施工组织设计、施工合同等。

(3) 施工部署:包括施工人员、技术准备、施工现场准备工作、施工场地准备、施工设备准备等。

(4) 深基坑开挖施工方法:包括各分项工程具体的施工工艺、施工要求等。

(5) 降排水措施:包括降排水的施工进度、平面布置、降排水的施工方案等(有时会特别编制专项降水施工方案)。

(6) 土石方开挖方案:包括土石方开挖的工作面、开挖顺序、运输路线、土石方开挖的机械设备、运输设备等。

(7) 深基坑工程的平面布置图。

(8) 深基坑工程的施工进度计划。

(9) 深基坑工程施工安全风险源识别。

(10) 施工应急预案：包括应急准备及响应程序、应急管理组织及制度、应急设备及材料、应急抢险预案等。

(11) 质量安全及文明施工的保证措施。

(12) 季节性施工等。

(13) 涉及深基坑工程施工的计算、施工图纸及工程地质情况等资料。

具体的深基坑工程安全专项施工方案内容会根据工程特点等有所增减。

6.2.3 软件操作简介

本小节以书中所附工程的深基坑工程安全专项施工方案编制为例，对施工方案中需要计算的部分内容进行分析。目前可用于施工安全计算软件较多，如品茗建筑安全计算软件、PKPM 安全计算软件、一洲安全计算软件等，本书以应用较广泛的品茗建筑安全计算软件为例对相关内容的软件操作进行简单介绍。

1. 新建土方工程

双击桌面图标打开软件，界面如图 6.2 所示。在界面单击“新建”按钮，弹出“工程属性”对话框，输入工程名称，完成新工程建立，如图 6.3 所示。如已存在拟建工程，则直接单击“打开”按钮找出对应工程即可。

图 6.2 软件界面

2. 模块选择

新建工程之后进入“模块选择”界面，如图 6.4 所示。单击“土石方工程”选项，土石方工程包含土性换算、爆破工程、挖填方量、运输机械，如图 6.5 所示。首先我们依次选择“挖填方量”→“方格网法土方量计算”选项，如图 6.6 所示。

工程属性

工程基本信息

工程名称：

工程负责人：　　制作日期：2020/01/14

技术负责人：　　结构类型：框架

工程建设地点：　　建设单位：

地上层数：14　　设计单位：

地下层数：2　　监理单位：

建筑高度(m)：59.6　　勘察单位：

总建筑面积(m2)：48850　　施工单位：

标准层层高(m)：　　总工期(天)：540

其它主要层高(m)：

工程说明

工程密码设置

新 密 码：

确认新密码：　　保存密码

确定　取消

图 6.3 “工程属性”对话框

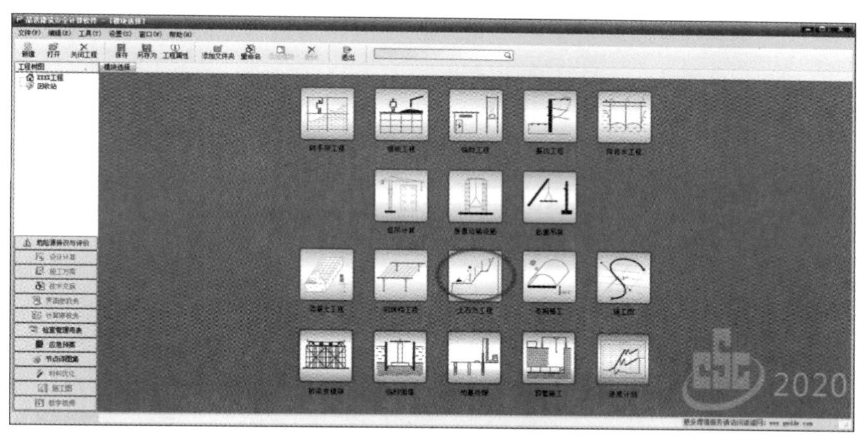

图 6.4 “模块选择”界面

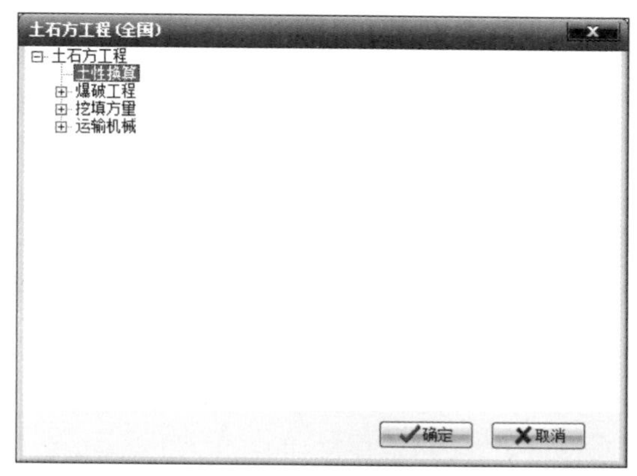

图 6.5 “土石方工程”操作界面

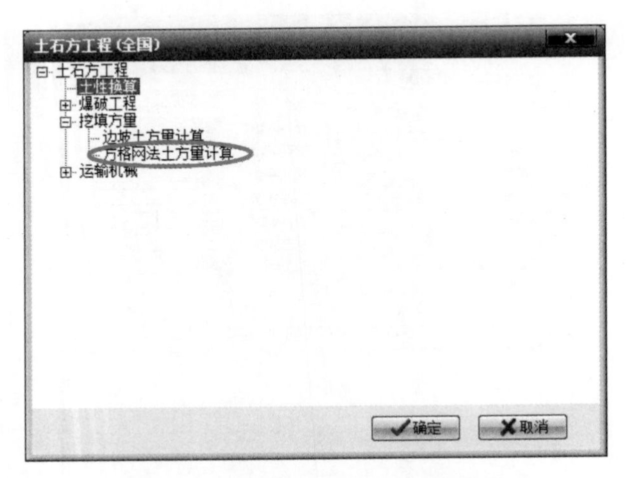

图 6.6 “土石方工程”操作具体界面

3. 参数填写

进入“基本参数”操作界面，按照工程实际合理地填写基本参数。填写方格网角点原始标高表和方格网角点设计标高表，如图 6.7 所示。最后在“设计计算”对话框单击“设计计算”按钮，生成计算书，如图 6.8 所示。

模块选择 | 方格网法土方量计算 | 土方施工机械需用量综合计算

基本参数

场地排水要求：双向排水

纵向排水坡度 i_x：0.002

横向排水坡度 i_y：0.003

方格网边长 a(m)：14

方格网纵向个数 L：6

方格网横向个数 W：7

方格网角点原始标高表（单位：m）

序号	1	2	3	4	5	6
1	0.00	0.00	0.00	0.00	0.00	0.00
2	0.00	0.00	0.00	0.00	0.00	0.00
3	0.00	0.00	0.00	0.00	0.00	0.00
4	0.00	0.00	0.00	0.00	0.00	0.00
5	0.00	0.00	0.00	0.00	0.00	0.00
6	0.00	0.00	0.00	0.00	0.00	0.00
7	0.00	0.00	0.00	0.00	0.00	0.00

方格网角点设计标高表（单位：m）

☑ 自定义

序号	2	3	4	5	6	7
1	-3.60	-3.60	-3.60	-11.00	-11.00	-11.00
2	-3.60	-6.60	-11.00	-11.00	-11.00	-11.00
3	-3.60	-11.00	-11.00	-11.00	-11.00	-11.00
4	-11.00	-11.00	-11.00	-11.00	-11.00	-11.00
5	-11.00	-11.00	-11.00	-11.00	-11.00	-11.00
6	-11.00	-11.00	-11.00	-11.00	-11.00	-11.00

图 6.7 “基本参数”操作界面

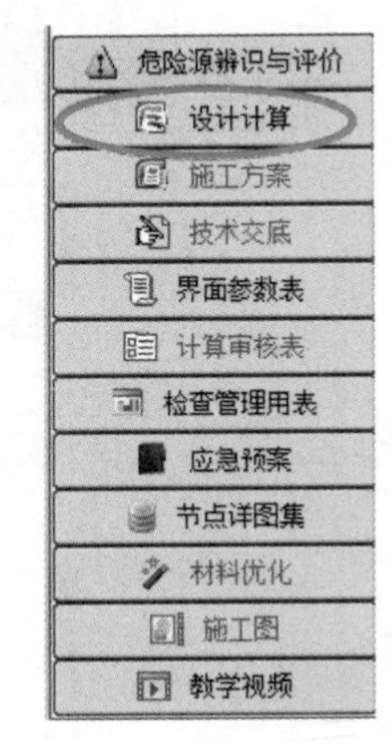

图 6.8 设计计算操作

4. 运输机械

1）土方施工机械需用量综合计算

回到“土石方工程”对话框，在“运输机械”下，进行土方施工机械需用量综合计算、挖掘机需用量及配套汽车数量计算等。首先进行土方施工机械需用量综合计算，选择“土方施工机械需用量综合计算”选项，如图 6.9 所示。

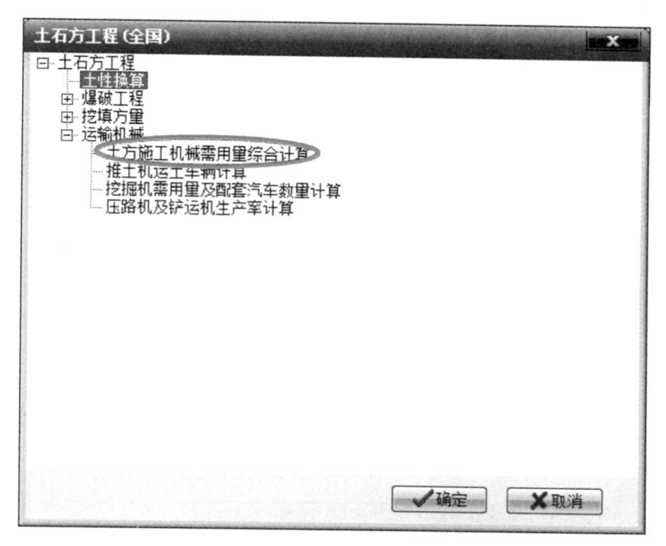

图 6.9　土方施工机械需用量综合计算

进入“施工机械需用量综合计算”对话框，按照工程实际填写施工机械类型、工程量等参数，如图 6.10 所示，然后进行设计计算。

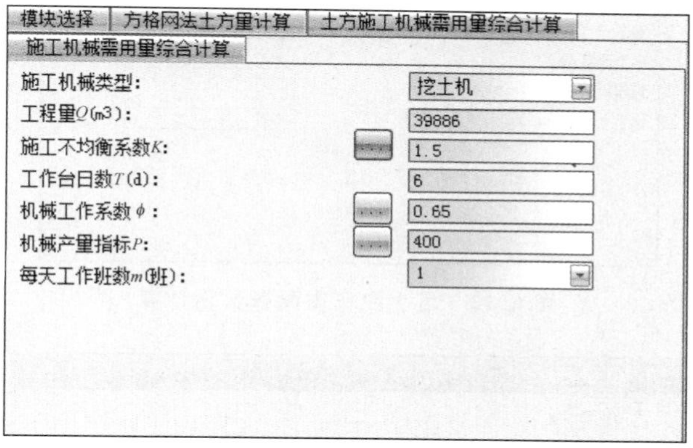

模块选择 | 方格网法土方量计算 | 土方施工机械需用量综合计算

施工机械需用量综合计算

施工机械类型：挖土机

工程量 Q(m3)：39886

施工不均衡系数 K：1.5

工作台日数 T(d)：6

机械工作系数 ϕ：0.65

机械产量指标 P：400

每天工作班数 m(班)：1

图 6.10　施工机械需用量综合计算

2）运土车辆计算

进入“土石方工程”对话框，选择“运输机械”中的“推土机运土车辆计算”选项，如图 6.11 所示。然后进入“运土汽车需配备数量计算”对话框，填写相关参数，如图 6.12 所示。

3）挖掘机需用量及配套汽车数量计算

进入“土石方工程”对话框，选择“运输机械”中的“挖掘机需用量及配套汽车数量计算”选项，如图 6.13 所示。然后进入“挖掘机需用量计算”对话框，填写相关参数，如图 6.14 所示。还可以进入“配套汽车数量计算”对话框，填写相关参数，如图 6.15 所示。

土石方工程(全国)
土石方工程
土性换算
爆破工程
挖填方量
运输机械
土方施工机械需用量综合计算
推土机运土车辆计算
挖掘机需用量及配套汽车数量计算
压路机及铲运机生产率计算
确定
取消

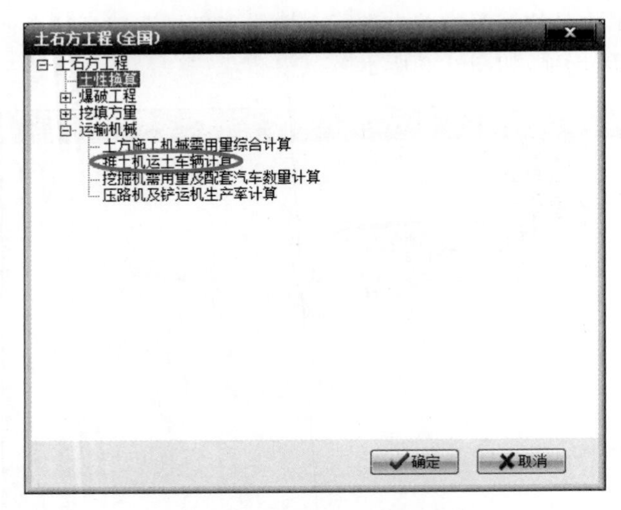

图 6.11 推土机运土车辆计算

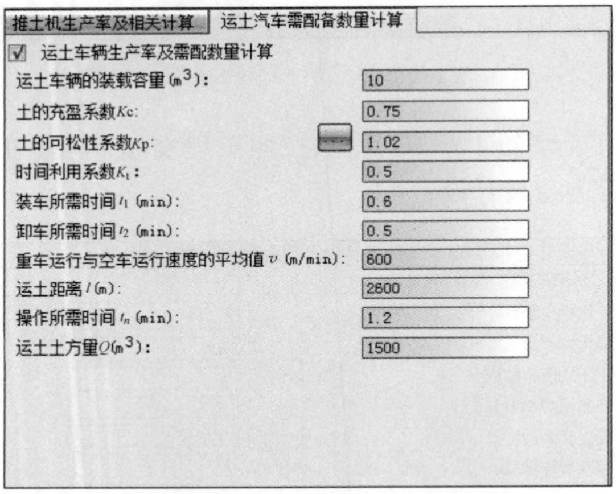

推土机生产率及相关计算
运土汽车需配备数量计算
运土车辆生产率及需配数量计算
运土车辆的装载容量(m3):
10
土的充盈系数Kc:
0.75
土的可松性系数Kp:
1.02
时间利用系数Kt:
0.5
装车所需时间t1 (min):
0.6
卸车所需时间t2 (min):
0.5
重车运行与空车运行速度的平均值v (m/min):
600
运土距离l (m):
2600
操作所需时间tn (min):
1.2
运土土方量Q(m3):
1500

图 6.12 运土汽车需配备数量计算

土石方工程(全国)
土石方工程
土性换算
爆破工程
挖填方量
运输机械
土方施工机械需用量综合计算
推土机运土车辆计算
挖掘机需用量及配套汽车数量计算
压路机及铲运机生产率计算
确定
取消

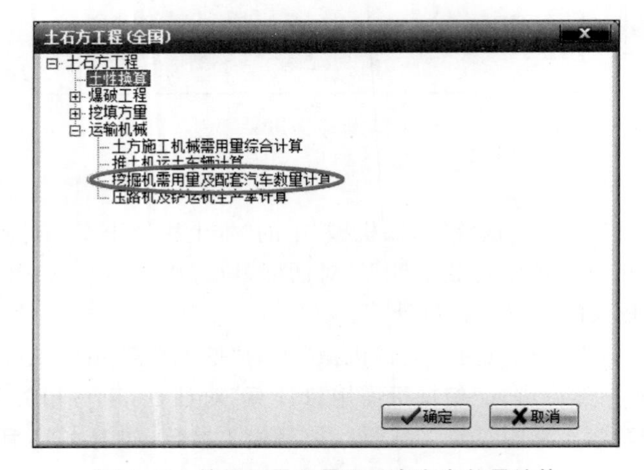

图 6.13 挖掘机需用量及配套汽车数量计算

挖掘机需用量计算 | 配套汽车数量计算

☑ 挖掘机生产率及需用量计算

挖掘机型号:	W1-100
铲斗容量q(m3):	1
土斗利用系数K:	0.9
每一工作循环延续时间t(s):	50
工作时间利用系数K_b:	0.7
土方工程量Q(m3):	12000
工期T(d):	10
时间利用系数K_t:	0.8
每天作业台班数m:	1

图 6.14 挖掘机需用量计算

挖掘机需用量计算 | 配套汽车数量计算

☑ 配套自卸汽车数量计算

自卸汽车载重量Q_1(t):	10
重车与空车的平均速度V_c(km/h):	30
单程土方运距l(km):	20
土斗充盈系数K_c:	1.2
土的最初可松性系数K_s:	1.03
土的密度ν(t/m3):	1.7
挖土机斗容量q(m3):	1
卸车时间t_2(min):	1
操纵时间t_3(min):	2
挖土机单次作业循环延续时间t_4(s):	35

图 6.15 配套汽车数量计算

6.2.4 案例

案例：深基坑工程安全专项施工方案实例

深基坑工程安全专项施工方案的案例请见“深基坑工程安全专项施工方案实例”。

6.3 降水工程安全专项施工方案

6.3.1 编制依据

降水工程施工安全专项施工方案编制依据一般包括设计施工规范、法律法规、工程施工的相关文件等。

1. 相关施工规范、法律法规

(1)《建筑基坑支护技术规程》(JGJ 120—2012)。

(2)《供水水文地质勘察规范》(GB 50027—2001)。

(3)《建筑与市政工程地下水控制技术规范》(JGJ 111—2016)。

(4)《岩土工程勘察规范》(GB 50021—2001)(2009 年版)。

(5)《基坑降水手册》,中国建筑工业出版社,2006。

(6)《供水水文地质手册》,地质出版社,2012。

(7)《危险性较大的分部分项工程安全管理规定》住建部令 2018 年 37 号。

(8)《危险性较大的分部分项工程安全管理规定》有关问题的通知(建办质[2018]31 号)。

(9) 地方性标准或行业标准或管理办法,如《上海市基坑工程技术规范》(DG/TJ 08—61—2018)、浙江省标准《建筑基坑工程技术规程》(DB33/T 1096—2014)、《地下铁道工程施工质量验收标准》(GB/T 50299—2018)、《城市轨道交通工程安全质量管理暂行办法》(建办质[2010]5 号)等。

(10) 其他相关的设计、施工验收规范、规程、施工手册等。

2. 工程施工的相关文件

(1) 建筑及结构设计等施工图。

(2) 深基坑支护设计施工图(降水)。

(3) 本工程的岩土勘察报告。

(4) 本工程的施工组织设计文件。

(5) 本工程的施工合同。

(6) 本工程相关的其他文件等。

6.3.2 主要内容

降水工程安全专项施工方案主要内容一般包括以下几个方面。

(1) 工程概况:工程所在位置、占地面积、工程周边状况、工程特点。

(2) 编制依据:相关的基坑设计规范标准、相关法律法规及政策规定、设计施工图、工程地质勘察报告、施工组织设计、施工合同等。

(3) 施工部署:包括施工人员、技术准备、施工现场准备工作、施工场地准备、施工设备准备等。

(4) 降水工程的施工方法:包括各分项工程具体的施工工艺、施工质量要求等。

(5) 降水工程的平面布置图。

(6) 降水工程的施工进度计划。

(7) 降水工程施工组织和管理:施工组织机构及管理机构、施工人员分工等。

(8) 降水工程施工安全的风险源识别。

(9) 施工应急预案:包括应急准备及响应程序、应急管理组织及制度、应急设备及材料、应急抢险预案等。

(10) 质量安全、文明施工、环境保护等的保证措施。

(11) 季节性施工等。

(12) 降水设计施工的计算、施工图纸及工程地质资料等。

具体工程的安全专项施工方案内容会根据工程特点等有所增加或减少。

6.3.3 软件操作简介

本小节以书中所附工程的基坑降水工程的安全专项施工方案编制为例,对施工方案中需要计算的部分内容进行分析。目前可用于施工安全计算的软件较多,如品茗建筑安全计算软件、PKPM 安全计算软件、一洲安全计算软件等。本书以应用较广泛的品茗建筑安全计算软件为例对相关内容的软件操作进行简单介绍。

1. 新建降水工程

双击桌面图标打开软件,在界面单击“新建”按钮,打开“工程属性”对话框,输入工程基本信息,完成新工程的建立。如已存在拟建工程,则直接单击“打开”按钮找出对应工程即可。

2. 模块选择

新建工程之后进入“模块选择”界面，如图 6.16 所示，选择“降排水工程”选项(见图 6.16 中圆圈部分)，弹出“降排水工程(全国)”对话框，包括集水明排、截水、管井降水、井点降水计算。选择工程所需的选项，这里选择“管井降水”选项，如图 6.17 所示。

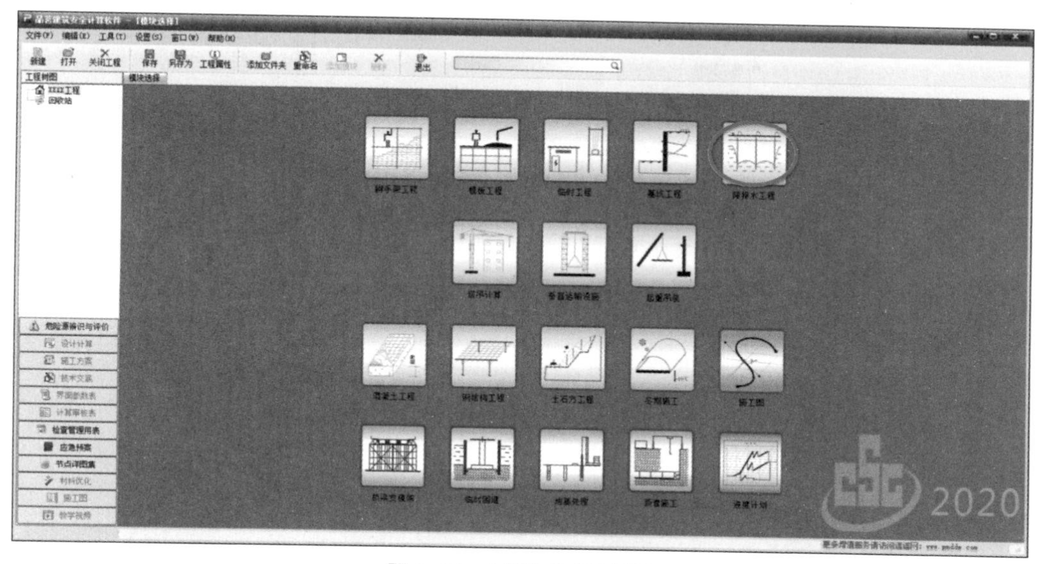

图 6.16 “模块选择”界面

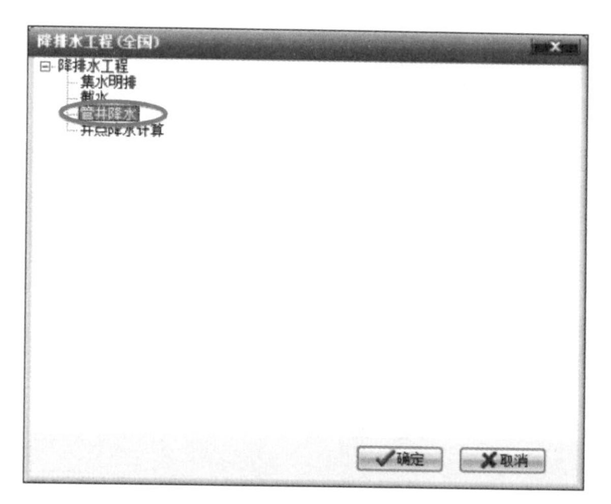

图 6.17 “降排水工程(全国)”对话框

3. 参数填写

进入“基本参数”界面，然后在“基本参数”界面(见图 6.18)结合工程实际合理填写管井参数和基坑参数。管井类型的选择有疏干井和降压井，这里的工程应选择“疏干井”，过滤器半径为 0.15m，管井半径为 0.4m，降水曲线坡度为 0.15。

基坑开挖类型这里选择“有隔水帷幕开挖”，然后填写基坑面积，基坑边界条件选择“潜水层完整井”和“基坑边界远离地面”，基坑开挖深度为 10.4m，具体参数如图 6.18 所示。在

基本参数 | 地质条件

管井参数

参数	值
管井类型选择	疏干井
过滤器半径 r_s(m):	0.15
管井半径 r_w(m):	0.4
降水曲线坡度 i:	0.15
降水安全系数 F_s:	1.1
过滤器进水部分长度 l(m):	2

基坑参数

参数	值
基坑开挖类型:	有隔水帷幕开挖
◉ 圆形或近似圆形基坑的面积(m²):	8912
○ 矩形或近似矩形基坑的长(m):	100
矩形或近似矩形基坑的宽(m):	80
基坑边界条件	潜水层完整井
	基坑边界远离地面
基坑开挖深度 D(m):	10.4
基坑抗压土层厚度 H_c(m):	3
由含水层底板到过滤器中点的长度 M(m):	4
基坑中心到水体边缘的距离 b(m):	70
基坑中心到左边水体边缘的距离 b_1(m):	150
基坑中心到右边水体边缘的距离 b_2(m):	120
基坑中心处水位与基坑设计开挖面的距离 s(m):	0.5

图 6.18 “基本参数”界面

“地质条件”界面按照工程勘察报告中的土体性质填写即可，如图 6.19 所示。

4. 生成计算书和施工方案

参数填写完成后，单击“设计计算”按钮，生成管井降水计算书。单击“施工方案”按钮(见图 6.20)，生成施工方案。

模块选择 | 管井降水

基本参数 | 地质条件

地质参数

参数	值
地下静水位埋深 d_w(m):	2
含水层厚度 H(m):	13
设计降水面到潜水层底面的距离 h(m):	4
含水层的给水度 μ:	0.2
承压水头高度 h_s(m):	6
承压含水层厚度 M_2(m):	11

土层参数的输入：

土层编号	土层名称	厚度(m)	渗透系数(m/d)
1	填土	1.5	0.7
2	砂质粉土	2.4	0.26
3	砂质粉土	7	0.35
4	砂质粉土	11	0.52

图 6.19 “地质条件”界面

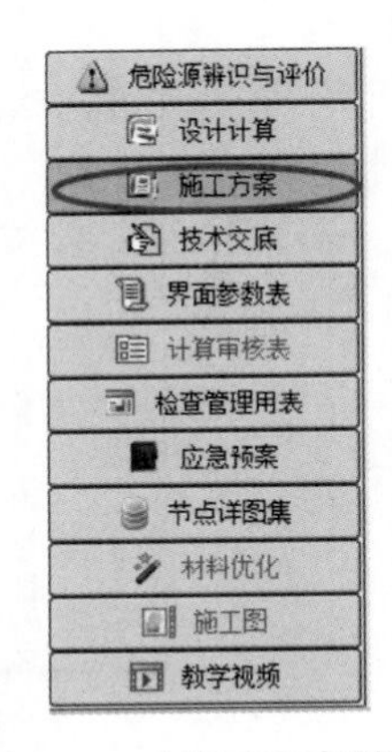

图 6.20 “施工方案”按钮

6.3.4 案例

降水工程安全专项施工方案的案例请见“降水工程安全专项施工方案实例”。

案例：降水工程安全专项施工方案实例

6.4 落地式钢管脚手架工程安全专项施工方案

6.4.1 编制依据

1. 相关设计、施工规范、法律法规

(1)《混凝土结构工程施工质量验收规范》(GB 50204—2015)。

(2)《钢结构工程施工质量验收规范》(GB 50205—2012)。

(3)《建筑工程施工质量验收统一标准》(GB 50300—2013)。

(4)《建筑结构荷载规范》(GB 50009—2012)。

(5)《混凝土结构设计规范》(GB 50010—2010)(2015 年版)。

(6)《木结构设计规范》(GB 50005—2017)。

(7)《混凝土结构工程施工规范》(GB 50666—2011)。

(8)《建筑施工扣件式钢管脚手架安全技术规范》(JGJ 130—2011)。

(9)《建筑施工高处作业安全技术规范》(JGJ 80—2016)。

(10)《钢管脚手架扣件》(GB 15831—2006)。

(11)《建筑施工模板安全技术规程》(JGJ 162—2019)。

(12)《建筑施工安全检查标准》(JGJ 59—2011)。

(13)《危险性较大的分部分项工程安全管理规定》有关问题的通知(建办质[2018]31 号)。

(14)《建筑施工扣件式钢管模板支架技术规程》(DB33/T 1035—2018)。

2. 工程施工的相关文件

(1) 建筑和结构设计施工图。

(2) 本工程的施工组织设计。

(3) 施工计划。

(4) 本工程的施工合同。

(5) 本工程相关的其他文件等。

6.4.2 主要内容

落地式钢管脚手架工程专项施工方案主要内容一般包括以下几个方面。

(1) 工程概况：工程所在位置、占地面积、工程周边状况、工程特点。

(2) 编制依据：相关的基坑设计规范标准、相关法律法规及政策规定、设计施工图、施工组织设计、施工合同等。

(3) 施工部署：包括施工人员、技术准备、施工场地准备、施工设备准备等。

(4) 脚手架设计施工的计算书等。

(5) 脚手架的施工图纸。

(6) 脚手架的施工方法：包括各分项工程具体的施工工艺、施工质量要求等。

(7) 脚手架的施工进度计划。

(8) 脚手架施工组织和管理：施工组织机构及管理机构、施工人员分工等。

(9) 脚手架工程施工安全的风险源识别、支架验收和架体的监测监控。

(10) 施工应急预案：包括应急准备及响应程序、应急管理组织及制度、应急设备及材料、应急抢险预案等。

(11) 质量安全、文明施工、环境保护等的保证措施。

6.4.3 软件操作简介

本小节以书中所附工程中落地脚手架施工方案为例，对施工方案中涉及的计算部分内容，以品茗 BIM 脚手架工程设计软件 V2.1 为例对操作进行示范。

1. 功能组成

品茗 BIM 脚手架工程设计软件功能组成如图 6.21 所示。

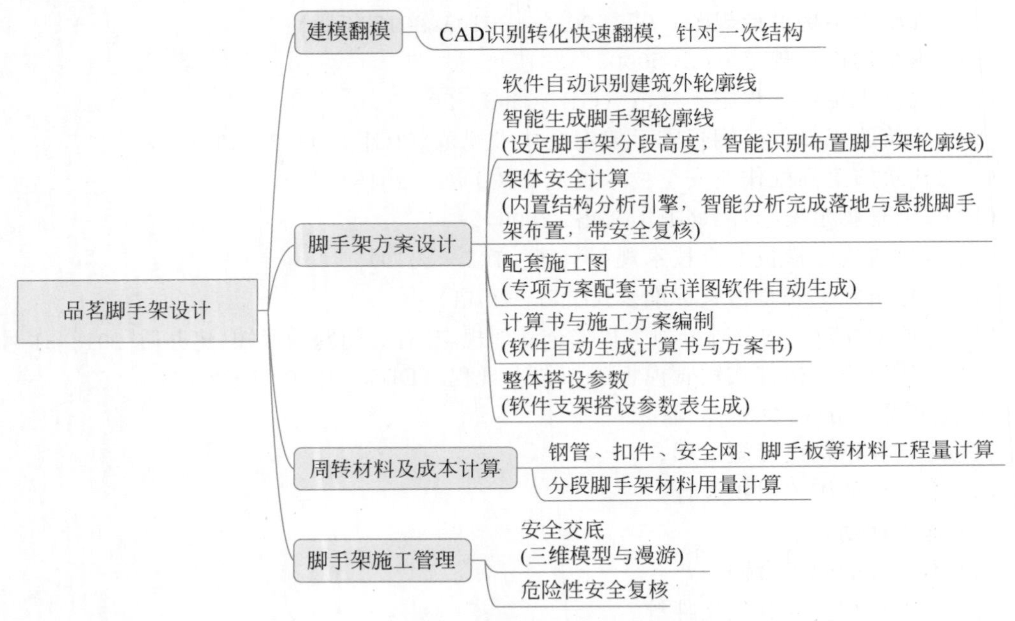

图 6.21 品茗 BIM 脚手架工程设计软件功能

2. 工作流程

品茗 BIM 脚手架工程设计软件工作流程如图 6.22 所示。

3. 运行环境

品茗 BIM 脚手架工程设计软件是基于 AutoCAD 平台开发的 3D 可视化脚手架设计软件。安装软件之前，请确保计算机已经安装 AutoCAD 2014 以下的版本。为达到最佳显示效果建议安装“AutoCAD 2008 32bit”或“AutoCAD 2014 32/64bit”。目前对 PC 的硬件环境无特殊性能要求，建议使用 2G 以上内存，并配有独立显卡。

4. 操作界面

成功运行软件进入 AutoCAD 平台，品茗 BIM 脚手架工程设计软件在 AutoCAD 平台接口左侧自动加载“BIM 脚手架工程”功能区和属性区。品茗 BIM 脚手架工程设计软件的操作界面如图 6.23 所示，主要包括菜单栏、水平工具栏、功能区、属性栏、绘图区、垂直工具栏、命令行。

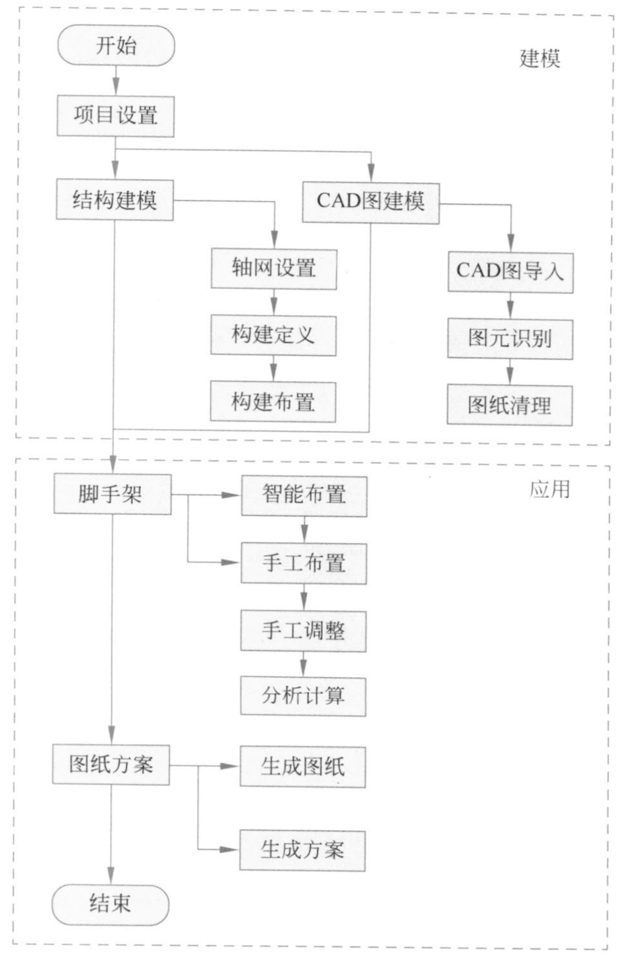

图 6.22　品茗 BIM 脚手架工程设计软件工作流程

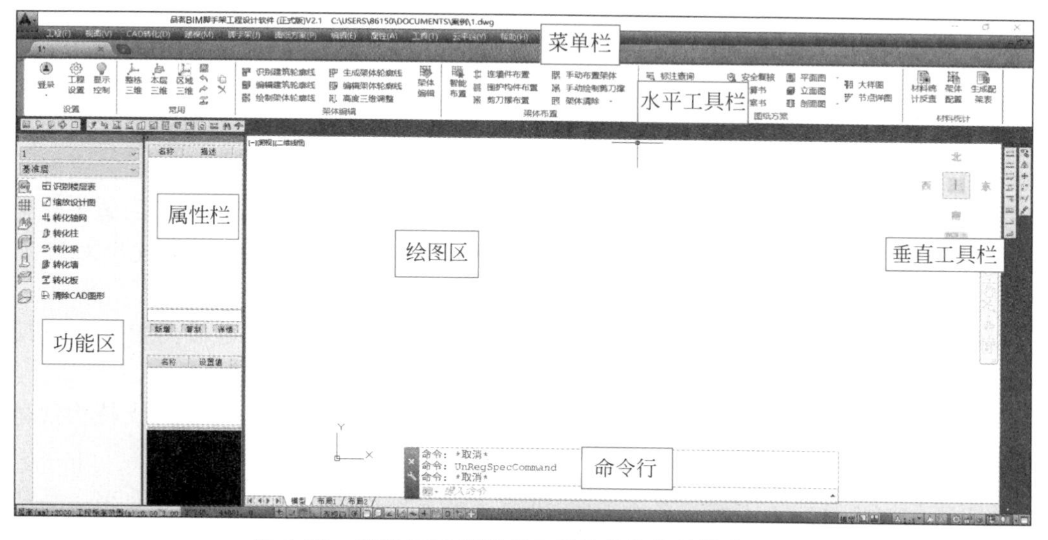

图 6.23　品茗 BIM 脚手架工程设计软件的操作界面

5. 功能主菜单

AutoCAD 平台左侧自动加载品茗 BIM 脚手架工程设计软件功能主菜单，包含各项功能目录和菜单，如图 6.24 所示。

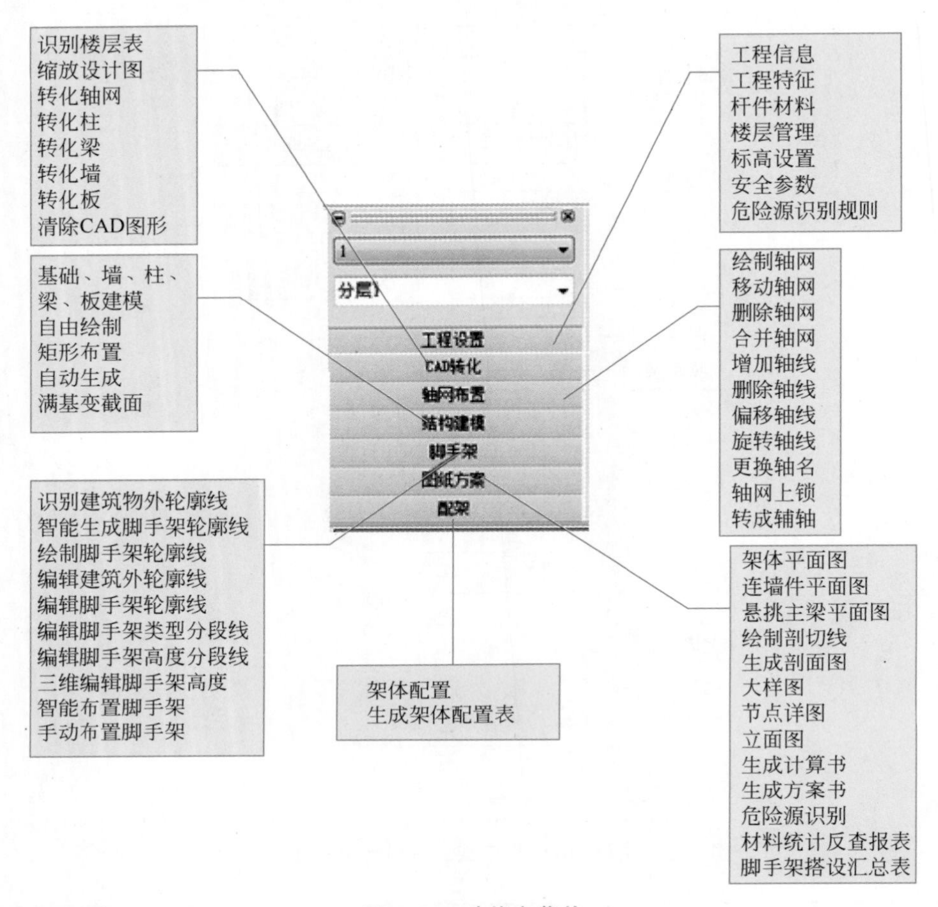

图 6.24 功能主菜单

6. 新建脚手架工程

双击桌面图标打开软件，界面如图 6.25 所示，图中的椭圆圈是 CAD 平台。在界面单击“新建工程”按钮，打开水平工具栏中的“工程设置”对话框，填入工程基本信息，完成新工程的建立，如图 6.26 所示，对工程信息、工程特征、杆件材料、楼层管理、标高设置、施工安全参数、高级设置进行填写。如已存在拟建工程，则直接单击“打开工程”按钮找出对应工程即可。

以第 1 章中梁和柱的平法施工图的图纸为基础，结合图 6.22 所示的流程进行建模转化，形成框架柱和剪力墙三维构件，最后得到第一层的效果图，如图 6.27 所示。

图 6.28 是单层结构生成脚手架效果图。软件提供各个角度的观察点，并支持构件显示控制，可以只显示脚手架或者结构，提供对脚手架各个节点的检查。

在菜单栏的工程命令中进行楼层复制，进而生成整栋楼的模型如图 6.29 所示。软件同样提供各个角度的观察视角。

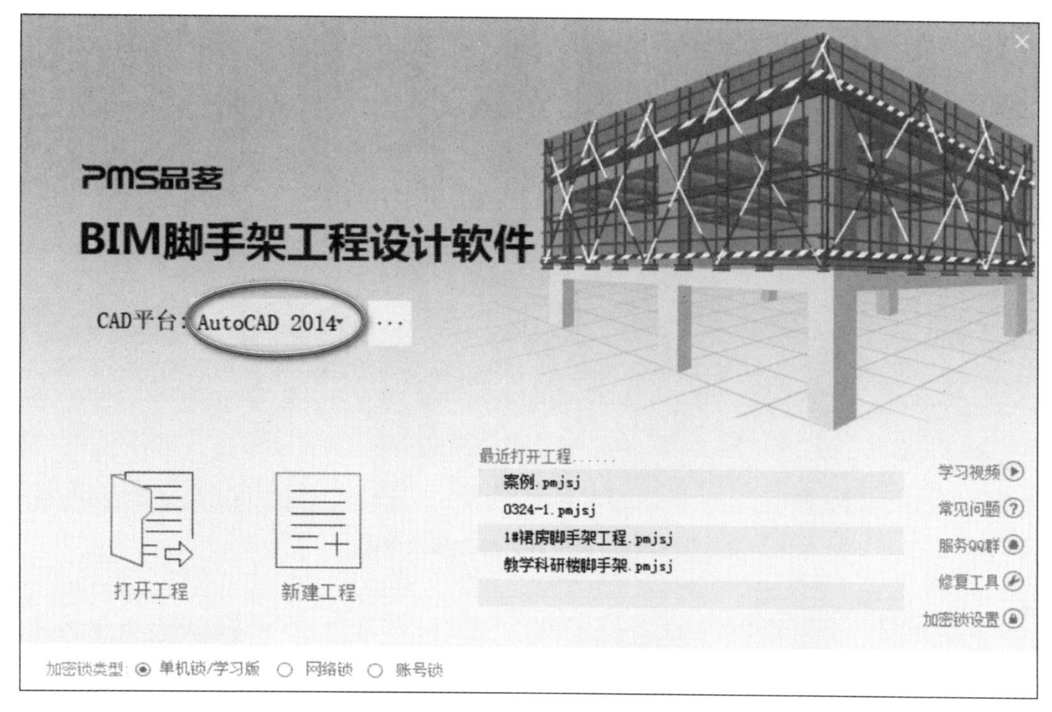

图 6.25　软件界面

工程设置

工程信息 | 工程特征 | 杆件材料 | 楼层管理 | 标高设置 | 施工安全参数 | 高级设置

工程信息

设置名称	设置值
工程项目	***区人防疏散基地
工程地址	***区
建设单位	**区人民政府
施工单位	**建工集团
监理单位	**区万顺监理公司
编制人	顺六
日期	2020-3-24
审核人	王五
结构类型	框架结构
建筑高度(m)	65.4
单位工程	脚手架工程
标准层高(m)	3.6
地上楼层数	17
项目经理	张三
技术负责人	李四

教学视频：工程设置与参数设计

图 6.26　“工程设置”对话框

在架体编辑栏中依次选择“识别建筑物轮廓线”→“生成架体轮廓线”，按照图 6.30 所示的架体分段高度设置，当建筑高度超过落地式脚手架的上限时，软件能自动识别并提示设置悬挑脚手架。比如这栋建筑物总高 65.4m，第 1 段设置为落地式脚手架高 44.7m，第 2 段设置为悬挑脚手架高 20.7m。同时也可以对架体进行编辑，进行人工修改以符合安全复核。

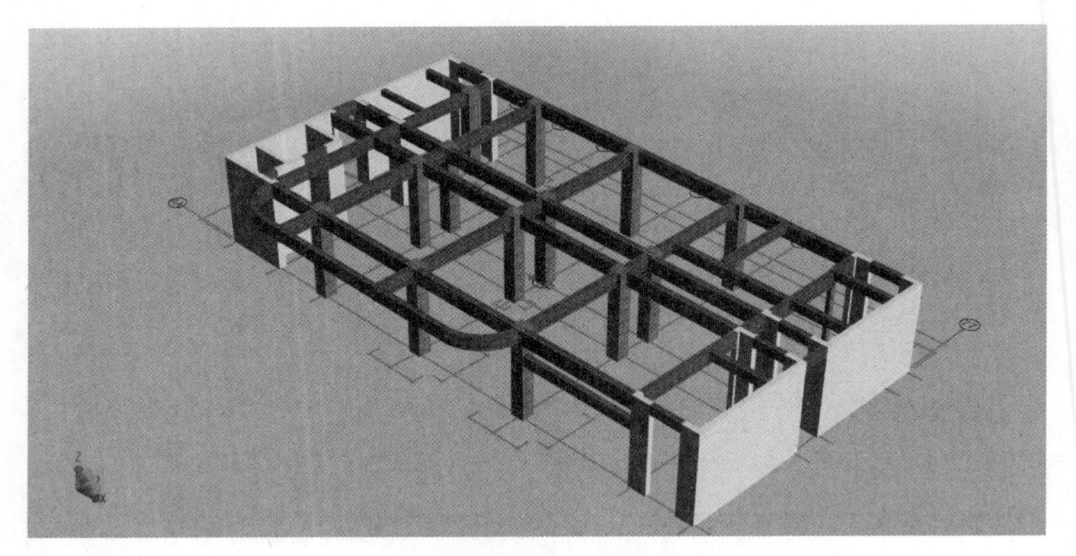

图 6.27　单层梁柱剪力墙效果图

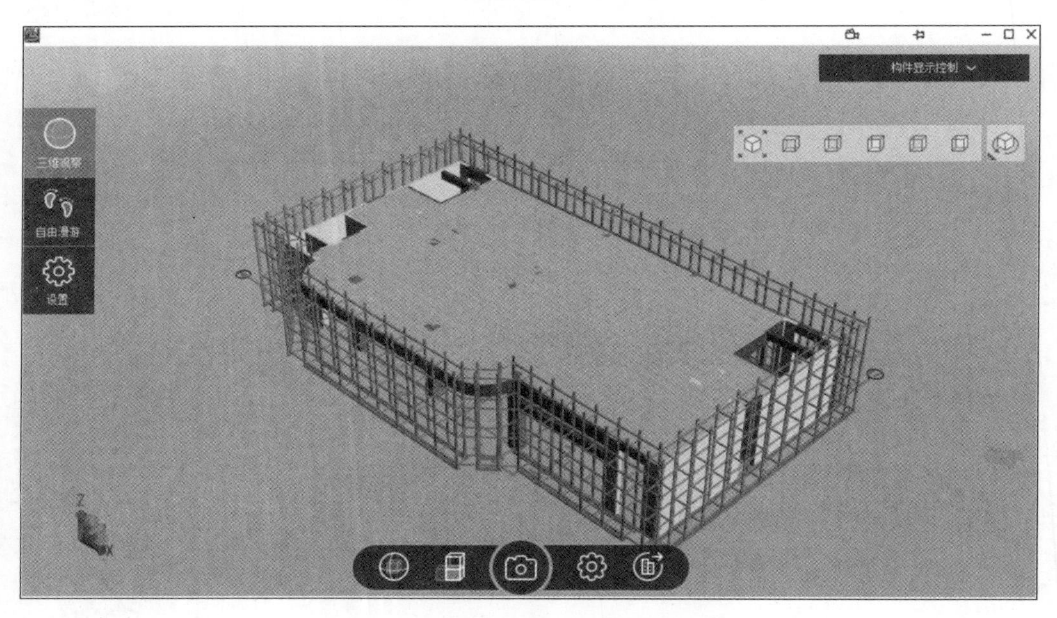

图 6.28　单层结构生成脚手架效果图

智能布置指可以选取特定的区块进行布置。智能布置包括连墙件、维护杆件、剪刀撑等多项功能对架体进行布置及调整，同时也支持架体的清除功能，如图 6.31 所示。

单击整栋三维可以查看脚手架的布置，如图 6.32 所示，12 层及以下是双排落地式脚手架，12 层以上是悬挑型钢脚手架。对于悬挑型钢脚手架，阳角出的悬挑型钢要避免交叉打架，如果有重叠就需要对悬挑型钢进行调整，或者采用焊接到外墙上进行设置。生成架体后要进行架体超高辨识和安全复核，两者都通过后，就可以进行计算书和方案书生成。同时也可以进行架体立面图、平面图、连墙件、型钢平面图、剖面图、节点大样图等图纸的自动生成。

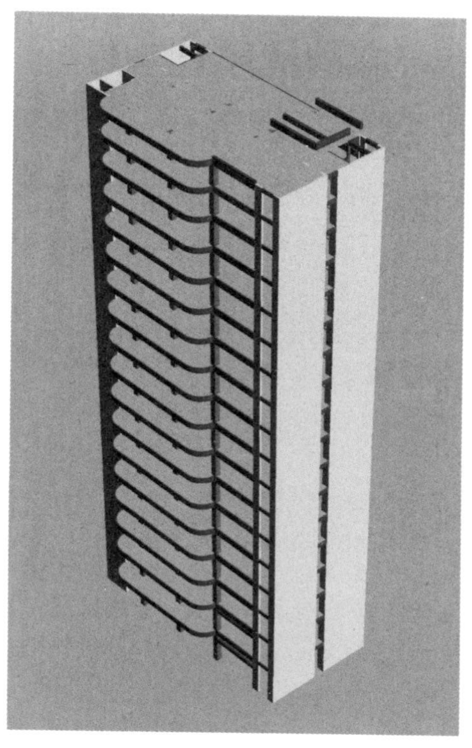

图 6.29 整栋楼的效果图

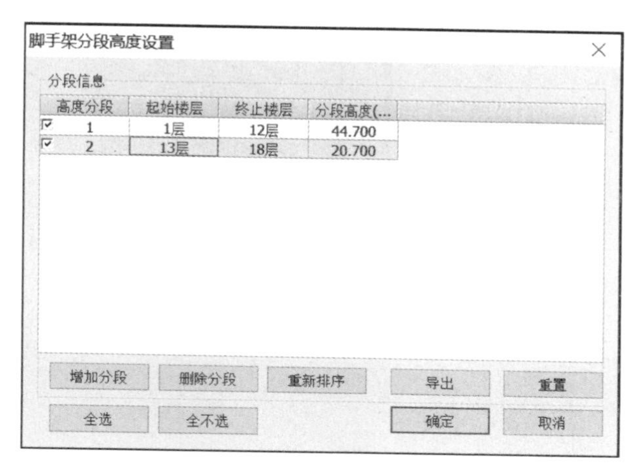

图 6.30 脚手架分段高度设置

围护杆件布置设置

脚手板设置

脚手板铺设方式: 2 步 1 设

挡脚板/防护栏杆布置

挡脚板铺设方式: 2 步 1 设

挡脚板高度(mm): 200

防护栏布置方式: 2 步 1 设

防护栏杆道数: 2

防护栏依次高度(mm): 600,1200

安全网布置

安全网设置: 全封闭

确定 取消

剪刀撑参数设置

竖向剪刀撑/斜杆

剪刀撑样式: 钢管扣件式

剪刀撑设置形式: 连续式

剪刀撑宽度(m): 5

剪刀撑最小尺寸(m): 1.5

斜杆间隔(m): 5

横向斜撑间隔(m): 5

水平剪刀撑/斜杆

剪刀撑样式: 钢管扣件式

剪刀撑/斜杆间隔(m): 5

确定 取消

图 6.31 维护杆件布置设置及剪刀撑参数设置

教学视频：架体布置与编辑

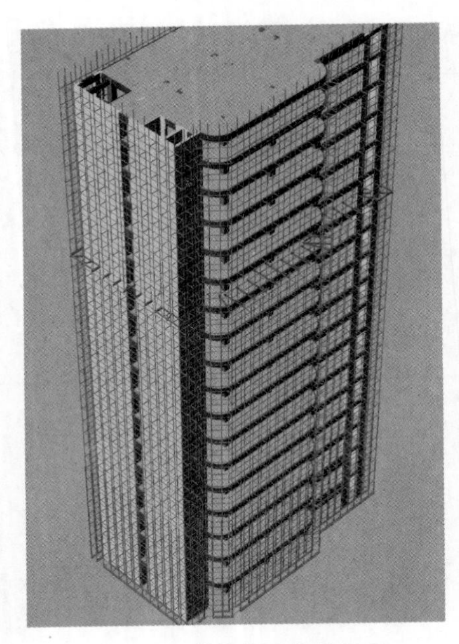

图 6.32　整栋脚手架效果图

教学视频：成果制作与输出

6.4.4　案例

案例：落地式钢管脚手架工程安全专项施工方案实例

落地式钢管脚手架工程安全专项施工方案的案例请见“落地式钢管脚手架工程安全专项施工方案实例”。

6.5　高大模板工程安全专项施工方案

6.5.1　编制依据

1. 相关设计、施工规范、法律法规

(1)《混凝土结构设计规范》(GB 50010—2010)(2015 年版)。

(2)《钢结构设计规范》(GB 50017—2017)。

(3)《建筑结构荷载规范》(GB 50009—2012)。

(4)《混凝土结构工程施工质量验收规范》(GB 50204—2015)。

(5)《混凝土结构工程施工规范》(GB 50666—2011)。

(6)《建筑工程施工质量验收统一标准》(GB 50300—2013)。

(7)《建筑施工脚手架安全技术统一标准》(GB 51210—2016)。

(8)《建筑施工企业安全生产管理规范》(GB 50656—2011)。

(9)《混凝土模板用胶合板》(GB/T 17656—2018)。

(10)《钢管脚手架扣件》(GB 15831—2006)。

(11)《建筑施工模板安全技术规程》(JGJ 162—2019)。

(12)《建筑施工扣件式钢管脚手架安全技术规范》(JGJ 130—2011)。

(13)《建筑施工承插型盘扣式钢管支架安全技术规程》(JGJ 231—2010)。

(14)《建筑施工安全检查标准》(JGJ 59—2011)。

(15)《施工现场临时用电安全技术规范》(JGJ 46—2018)。

(16)《建筑施工高处作业安全技术规范》(JGJ 80—2016)。

(17)《建筑施工临时支撑结构技术规范》(JGJ 300—2013)。

(18)《建设工程安全生产管理条例》(国务院令 393 号)。

(19)《危险性较大的分部分项工程安全管理规定》住建部令 2018 年 37 号。

(20)《危险性较大的分部分项工程安全管理规定》有关问题的通知(建办质[2018] 31 号)。

(21) 地方性标准或管理办法,如浙江省的《建筑施工扣件式钢管模板支架技术规程》(DB33/T 1035—2018)、《建筑施工承插型插槽式钢管支架安全技术规程》(DB33/T 1117—2015)、《扣件式建筑脚手架用钢管》(DB33/588—2005)、《建筑施工安全管理规范》(DB33/1116—2015)、《关于严格规范模板支撑体系安全管理工作的通知》(杭建工发[2017]255 号)、《建设工程模板支撑体系安全管理要点》(杭建工发[2015]55 号)、《关于进一步做好杭州市危险性较大的分部分项工程专项施工方案论证实施工作的通知》(杭建工发[2009]528 号)等。

(22) 其他相关的设计、施工验收规范、规程、施工手册等。

2. 工程施工的相关文件

(1) 工程全套施工图纸。

(2) 工程的施工组织设计文件。

(3) 工程的施工合同。

(4) 工程相关的其他文件等。

6.5.2 主要内容

高大模板工程安全专项施工方案的主要内容一般包括以下几个方面。

(1) 工程概况:工程名称、工程地点、参建单位、工程特点及现阶段施工进度等。

(2) 编制依据:相关的基坑设计规范标准、相关法律法规及政策规定、设计施工图、施工组织设计、施工合同等。

(3) 支模架设计范围及特点:包括高大支模架范围、高大支模架搭设范围内的具体情况、支模架特点和难点等。

(4) 施工部署:包括管理体系及项目部组成、材料、设备和劳动力组织、临时用电布置、施工进度计划等。

(5) 支模架形式选定及参数设计。

(6) 支模架的构造要求及措施。

(7) 支模架的搭设及拆除方法。

(8) 支撑体系检查和验收要求。

(9) 模板支撑体系检测监控措施。

(10) 安全管理与维护措施。

（11）质量保证措施。

（12）文明施工措施。

（13）应急预案。

（14）计算书及附图。

具体工程的安全专项施工方案内容会根据工程特点等有所增加或减少。

6.5.3 软件操作简介

本小节以书中所附工程中高大模板工程安全专项施工方案为例，对施工方案中涉及的部分内容进行计算。目前常见的安全计算软件包括品茗建筑安全计算软件、PKPM 安全计算软件、一洲安全计算软件等。本书以应用广泛的品茗建筑安全计算软件为例，对相关内容的软件操作进行简单介绍。

1. 新建模板工程

双击桌面图标打开软件，在界面左上角单击“新建”按钮。打开“工程属性”对话框，输入工程基本信息，完成新工程的建立。如已存在拟建工程，则直接单击“打开工程”按钮找出对应工程即可。

教学视频：模架设计 BIM 应用——参数设计

2. 模块选择

新建工程之后进入“模块选择”界面，如图 6.33 所示。单击“模板工程”（见图 6.33 中圆圈部分），弹出“模板工程”界面，左侧可以针对不同地区进行选择，以浙江地区为例，右侧有危险性分析、梁侧模板、梁模板（重型门架）、梁模板（梁板立柱共用）、梁模板（梁板立柱不共用）、梁模板（设置搁置横梁）、板模板 7 大类计算内容。根据工程实际所需进行选择，这里板模板计算时选择“板模板（插槽式）”选项，梁模板计算时选择“梁模板（插槽式，梁板立柱不共用）”选项，如图 6.34 所示。

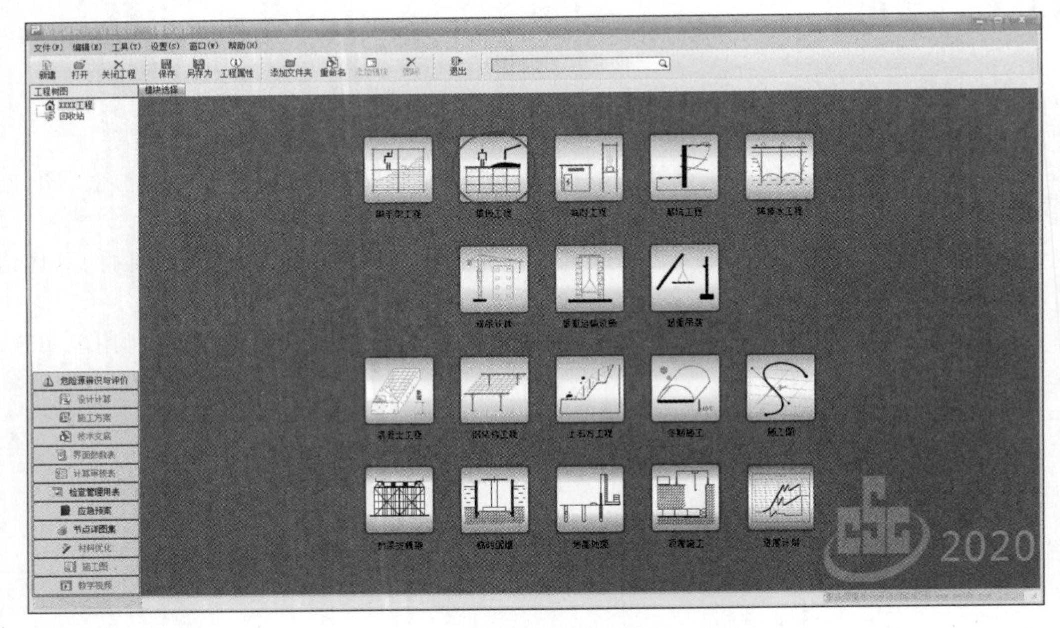

图 6.33 “模块选择”界面

3. “板模板”参数填写

进入“基本参数”界面，结合工程实际合理填写混凝土板工程属性、支撑体系设计参数、荷载设计参数、支模架所涉及材料的参数和支模架立杆地基基础参数。在“混凝土板工程属性”这一栏，将施工图中高大支模架范围内的相关信息填入，具体如图6.35所示。

教学视频：模架设计BIM应用——模架布置与编辑

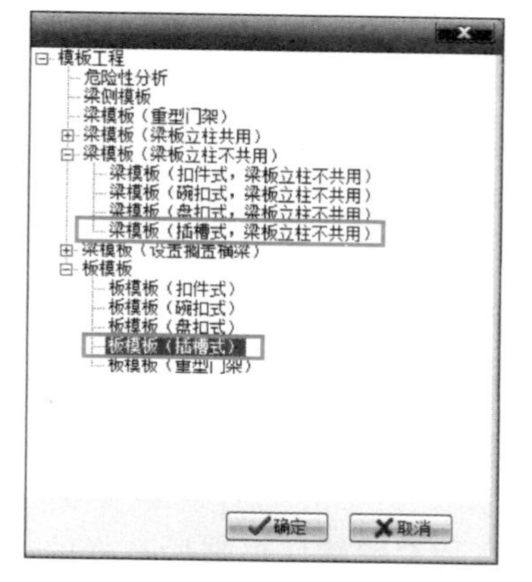

图6.34　“模板工程”对话框

模块选择　板模板（插槽式）

混凝土板工程属性

新浇混凝土板名称：	1#仓库三层板
新浇混凝土板板厚(mm)：	110
模板支架纵向长度L(m)：	87
模板支架横向长度B(m)：	45
模板支架高度H(m)：	12

图6.35　混凝土板工程属性

在“支撑体系设计”这一栏填入拟将采用的支撑数据，根据计算结果、支撑体系的经济性及方便性等方面可以优化支撑体系设计参数。本工程在主楞方向选择垂直立杆纵向方向，立杆纵向间距填写900，立杆横向间距填写900，水平杆步距填写1500，支架可调托座支撑点至顶层水平杆中心线的距离填写600，次楞间距填写300，次楞最大悬挑长度填写400，主楞最大悬挑长度填写400，可调托座类型选择悬臂式可调式顶托，具体如图6.36所示。由于工程是在《建筑结构可靠性设计统一标准》(GB 50068—2018)实行之前，故不进行勾选；由于架体高宽比小于3，不需要进行抗倾覆验算，故不进行勾选。

支撑体系设计

主楞布置方向：	垂直立杆纵向方向
立杆纵向间距l_a(mm)：	900
立杆横向间距l_b(mm)：	900
水平杆步距h(mm)：	1500
支架可调托座支撑点至顶层水平杆中心线的距离a(mm)：	600
次楞间距l(mm)：	300
次楞最大悬挑长度l_1(mm)：	400
主楞最大悬挑长度l_2(mm)：	400
可调托座类型：	悬臂式可调式顶托

☐ 荷载系数自定义　☐ 架体抗倾覆验算
☐ 荷载系数参考《建筑结构可靠性设计统一标准》(GB 50068—2018)

图6.36　支撑体系设计

在荷载设计中根据《建筑施工承插型插槽式钢管支架安全技术规程》(DB33/T 1117—2015)要求进行填写，其中可变荷载根据工程实际情况进行调整，风荷载根据不同地区实际情况进行调整，具体如图6.37～图6.39所示。

荷载设计

永久荷载　可变荷载　风荷载

楼板模板自重标准值G_{1k}(kN/m²)：	0.1,0.3,0.5
新浇筑混凝土板（包括钢筋）自重标准值G_{2k}(kN/m³)：	25.1
是否考虑荷载叠合效应：	是

图6.37　“永久荷载”界面

荷载设计

永久荷载　可变荷载　风荷载

施工人员及设备产生的荷载标准值Q_{1k}(kN/m²)：	3
泵送、倾倒混凝土等因素产生的水平荷载标准值Q_{2k}(kN/m²)：	0.065
其他附加水平荷载标准值Q_{3k}(kN/m)：	0.55
Q_{3k}作用位置距离支架底的距离h_1(m)：	8

图6.38　“可变荷载”界面

在“模板”界面中，模板类型选择胶合板，模板厚度填写 15，计算方式选择三等跨连续梁，其余参数软件根据《建筑施工扣件式钢管模板支架技术规程》(DB33/T 1035—2018)及所选择的材料自动生成，具体如图 6.40 所示。

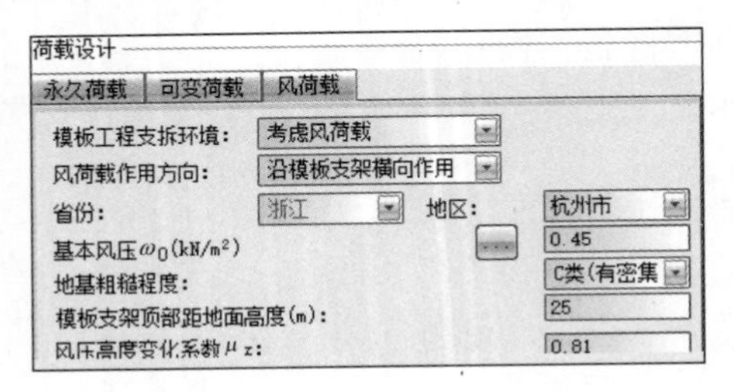

图 6.39 “风荷载”界面

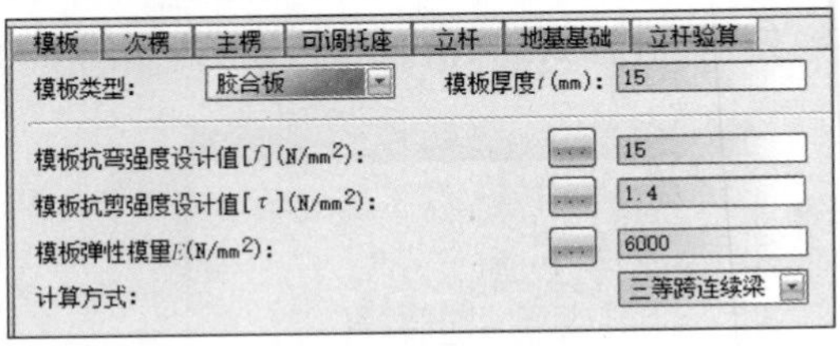

图 6.40 “模板”界面

在“次楞”界面中，次楞类型选择矩形木楞，矩形木楞宽填写 60，矩形木楞高填写 80，计算方式选择三等跨连续梁，其余参数软件根据《建筑施工扣件式钢管模板支架技术规程》(DB33/T 1035—2018)及所选择的材料及规格自动生成，具体如图 6.41 所示。

在“主楞”界面中，主楞类型选择钢管，截面类型选择Φ 48×3.5，计算截面类型选择Φ 48×3(考虑钢管折旧)，计算方式选择三等跨连续梁，其余参数软件根据所选择的材料及相关规范自动生成，具体如图 6.42 所示。

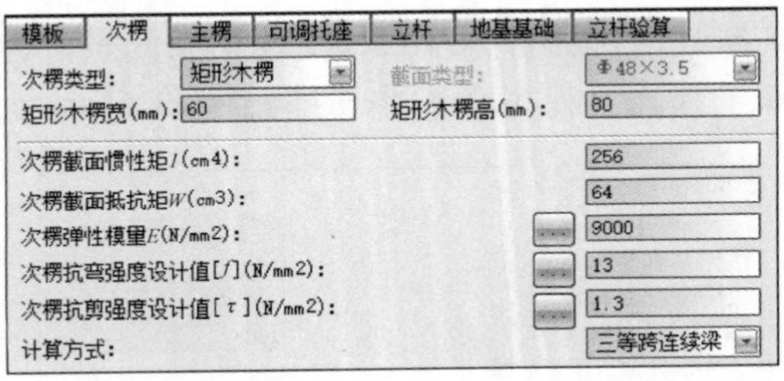

图 6.41 “次楞”界面

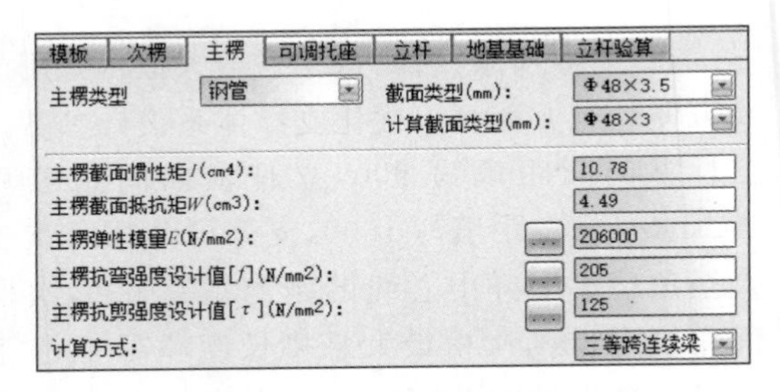

图 6.42 “主楞”界面

在“可调托座”界面中，可调托座内主楞根数选择 2，可调托座承载力容许值填写 30，主楞受力不均匀系数填写 0.6(考虑可调托座内主楞受力不均匀，本参数取受力较大的主楞所分担的荷载比值)，具体如图 6.43 所示。

在“立杆”界面中，钢材等级选择 Q345，钢管截面类型选择Φ 48×3.5，钢管计算截面类型选择Φ 48×3(考虑钢管折旧)，其余参数软件根据所选择的材料及相关规范自动生成，具体如图 6.44 所示。

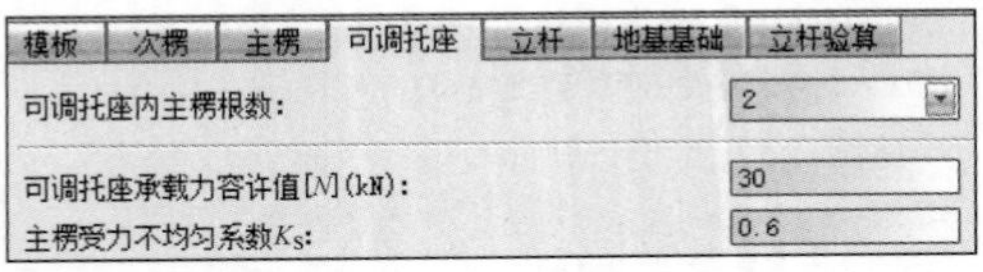

图 6.43 “可调托座”界面

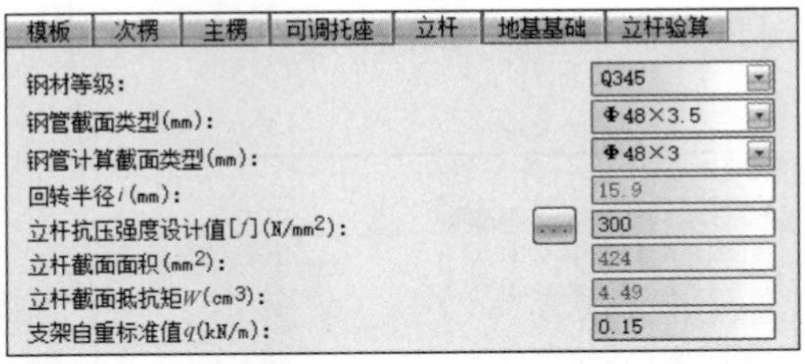

图 6.44 “立杆”界面

在“地基基础”界面中，根据工程实际情况填写相关内容，这里在模板支架放置位置选择地基基础，地基土类型选择素填土，地基承载力特征值填写230，垫板底面积填写0.15，具体如图6.45所示。

在“立杆验算”界面中，根据《建筑施工承插型插槽式钢管支架安全技术规程》(DB33/T 1117—2015)要求进行填写，这里在支架立杆计算长度修正系数填写1.2，悬臂端计算长度折减系数填写0.7，具体如图6.46所示。

模板 | 次楞 | 主楞 | 可调托座 | 立杆 | 地基基础 | 立杆验算

模板支架放置位置:	地基基础
地基土类型:	素填土
地基承载力特征值 f_{ak} (kPa):	230
垫板底面积 A(m2):	0.15

图6.45　“地基基础”界面

模板 | 次楞 | 主楞 | 可调托座 | 立杆 | 地基基础 | 立杆验算

支架立杆计算长度修正系数 η:	1.2
悬臂端计算长度折减系数 k:	0.7

图6.46　“立杆验算”界面

4. “梁模板”参数填写

进入“基本参数”界面，然后在“基本参数”界面结合工程实际情况及施工工艺合理填写相关内容，具体如图6.47所示。荷载参数、模板参数、次楞、主楞、可调托座、立杆、地基基础和立杆验算等填写内容同“板模板”中相关参数。

基本参数 | 荷载参数

混凝土梁工程属性	
新浇混凝土梁名称:	1#车间三层梁
模板支架纵向长度 L(m):	87
模板支架横向长度 B(m):	45
模板支架高度 H(m):	12
混凝土梁截面尺寸(mm)【宽×高】:	400 × 750
梁侧楼板厚度(mm):	110
支撑体系设计	
新浇混凝土梁支撑方式:	梁两侧有板，梁底次
梁跨度方向立杆纵距是否相等:	是
梁跨度方向立杆间距 l_a(mm):	900
梁底两侧立杆横向间距 l_b(mm):	600
支撑架中间层水平杆最大竖向步距 h(mm):	1500
可调托座伸出顶层水平杆的悬臂长度 a(mm):	600
新浇混凝土楼板立杆纵横向间距 l_a'、l_b':	900，900
混凝土梁距梁两侧立杆中的位置:	居中
梁左侧立杆距梁中心线距离(mm):	300
板底左侧立杆距离梁中心线距离 s_1(mm):	600
板底右侧立杆距离梁中心线距离 s_2(mm):	600
梁底增加立杆根数:	0
梁底增加立杆布置方式:	按梁两侧立杆间距均
梁底增加立杆依次距梁左侧立杆距离(mm):	0
梁底支撑次楞输入方式:	按照根数输入
每跨距内梁底支撑次楞根数:	4
每跨距内梁底支撑次楞间距(mm):	300
每纵距内附加梁底支撑主楞根数:	0
梁底支撑主楞最大悬挑长度(mm):	0
荷载传递至立杆方式:	可调托座
梁底支撑次楞左侧悬挑长度 a_1(mm):	0
梁底支撑次楞右侧悬挑长度 a_2(mm):	0

图6.47　“基本参数”界面

5. 生成计算书和施工方案

参数填写完成后，单击“设计计算”按钮，生成相应计算书。单击“施工方案”按钮，生成专项施工方案，当然所生产的施工方案需根据工程实际情况进行调整。

教学视频：模架设计 BIM 应用——成果制作与输出

6.5.4 案例

高大模板工程安全专项施工方案的案例请见“高大模板工程安全专项施工方案实例”。

案例：高大模板工程安全专项施工方案实例

6.6 塔式起重机基础工程安全专项施工方案

6.6.1 编制依据

1. 相关设计、施工规范、法律法规

(1)《建筑结构荷载规范》(GB 50009—2012)。

(2)《高耸结构设计规范》(GB 50135—2019)。

(3)《建筑地基基础设计规范》(GB 50007—2011)。

(4)《混凝土结构设计规范》(GB 50010—2010)(2015 年版)。

(5)《建筑桩基技术规范》(JGJ 94—2008)。

(6)《塔式起重机混凝土基础工程技术规程》(JGJ/T 187—2019)。

(7)《钢结构设计标准》(GB 50017—2017)。

(8)《建筑施工塔式起重机安装、使用、拆卸安全技术规程》(JGJ 196—2010)。

(9) 建设工程岩土工程勘察报告(详细勘察)。

(10) 配套塔式起重机使用说明书。

2. 工程施工的相关文件

(1) 建筑设计施工图。

(2) 结构设计施工图。

(3) 施工组织设计。

(4) 建筑工程施工合同。

(5) 其他相关文件等。

6.6.2 主要内容

塔式起重机基础专项施工方案主要内容包括以下几个方面。

(1) 工程概况：工程所在位置、地质概况、周边环境、施工平面布置等。

(2) 编制依据：相关的设计规范标准、相关法律法规及政策规定、设计施工图、工程地质勘察报告、施工组织设计、施工合同等。

(3) 施工管理及作业人员配备与分工：施工管理人员、安全生产人员、特种作业人员、其他作业人员等。

(4) 塔式起重机基础设计：包括塔式起重机基础选型、计算验证、施工与节点详图等。

(5) 塔式起重机基础施工方法：包括塔式起重机工程技术参数、施工工艺流程、施工方法、施工质量要求等。

(6) 塔式起重机基础验收：包括承台基础检查验收要求、桩基检查验收要求、钢格构柱检查验收要求等。

(7) 塔式起重机监测与保护：包括监测内容和频率，塔式起重机基础施工过程中的构件保护要求等。

(8) 应急预案：包括应急准备及响应程序、应急管理组织及制度、应急设备及材料、应急抢险预案等。

具体工程的安全专项施工方案内容根据工程特点等会有所增加或减少。

6.6.3 塔式起重机型号和基础形式选择

塔式起重机是建筑工地上最常用的一种起重设备，用以起吊材料和设备等。塔式起重机一般由塔身结构和塔式起重机基础组成。

塔身结构由塔身、回转支座、塔顶、平衡臂、起重臂、驾驶室、内爬梯、顶升套架等组成，如图 6.48 所示。

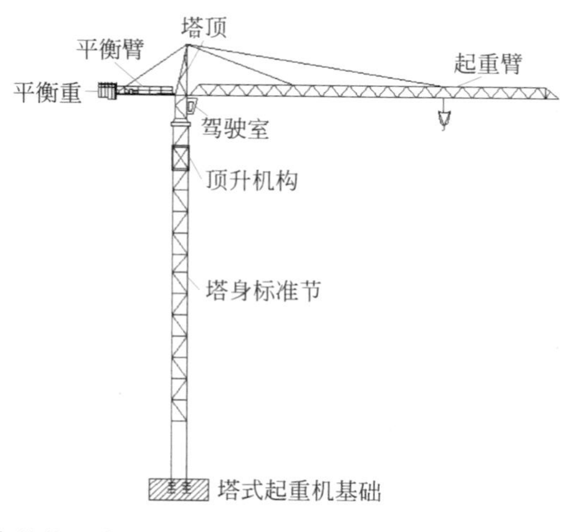

图 6.48 塔身结构示意图

塔式起重机基础是塔式起重机中承受全部荷载的最底部构件，基础做法一般有天然基础、桩基础（见图 6.49）、组合式基础（见图 6.50）等。

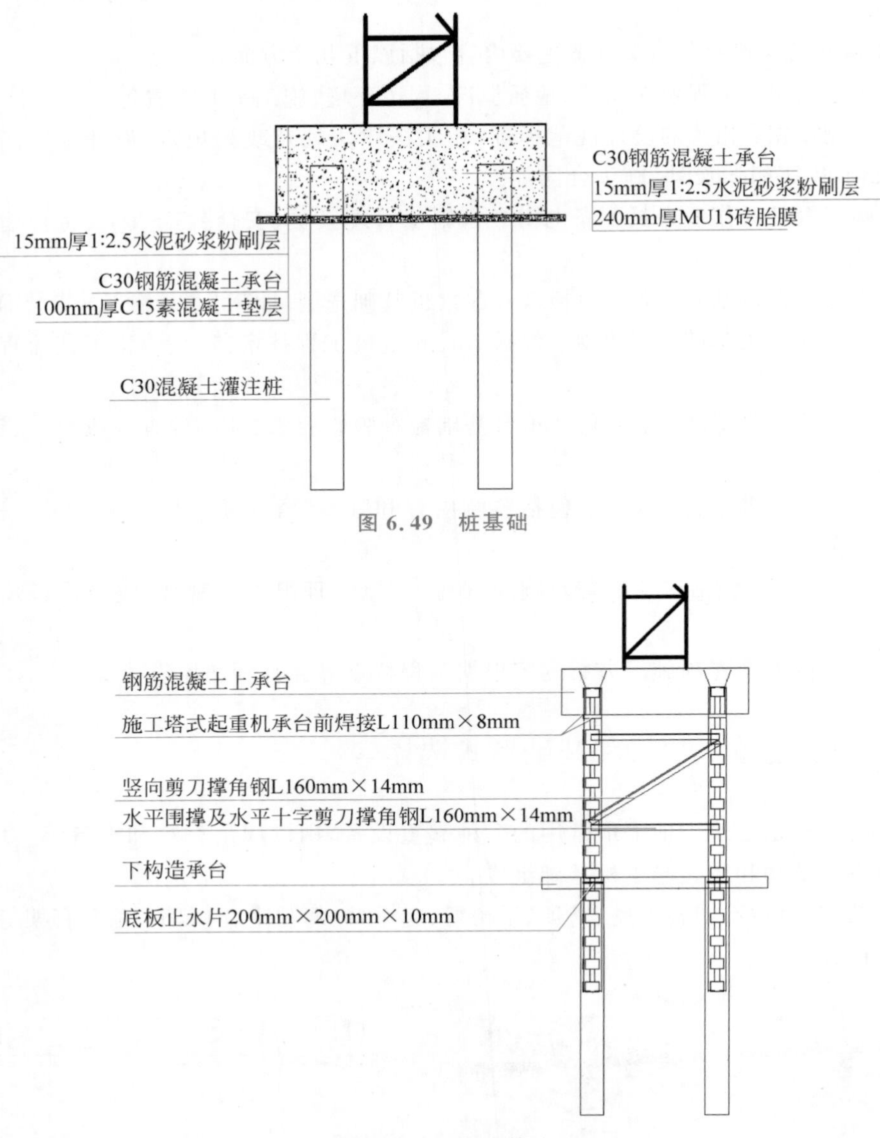

图 6.49 桩基础

图 6.50 组合式基础

1. 塔式起重机型号选择

塔式起重机的选型主要取决于工程规模，具体包括起重量、幅度和起升高度。在型号选择前需根据场地部署和工程进度先初步确定塔式起重机数量与位置，然后通过建筑外形尺寸，确定幅度参数，再考虑塔式起重机起重臂长度，根据吊物重量及吊物位置确定塔式起重机的起重力矩。

2. 塔式起重机基础选型

塔式起重机基础设计常用类型分为板式基础、十字形基础、桩基础和组合式基础。板式基础是由钢筋混凝土筑成的平板形基础；十字形基础是由长度和截面相同的两条互相垂直等分且节点加腋的混凝土条形基础组成的基础；板式基础、十字形基础适用于地基承载力较高、基坑较浅的工程。

桩基础是由预制混凝土桩、预应力混凝土管桩、混凝土灌注桩或钢管桩及上端连接的矩形板式或十字形梁式承台组成的基础。桩基础适用于软弱土层，浅基础不能满足塔式起重机对地基承载力和变形要求或因场地限制，塔式起重机布置于地下室范围内且不需要在土方开挖之前投入使用的工程。

组合式基础是由若干格构式钢柱或钢管柱与其下端连接的基桩以及上端连接的混凝土承台或型钢平台组成的基础。组合式基础适用于因场地限制，塔式起重机布置于地下室范围内且需在土方开挖之前投入使用的工程。

6.6.4 软件操作简介

教学视频：工程设置与界面简介

本小节以书中所附工程的塔式起重机基础工程安全专项施工方案编制为例，对施工方案中需要计算的部分内容进行分析。目前可用于施工安全计算的软件较多，如品茗建筑安全计算软件、PKPM安全计算软件、一洲安全计算软件等。本书以应用较广泛的品茗建筑安全计算软件为例，对相关内容的软件操作进行简单介绍。

1. 塔式起重机基础设计

1）荷载取值

塔式起重机传递至承台荷载需考虑工作状态及非工作状态两种工况。塔式起重机基础所受荷载主要包含基础顶的竖向荷载（F_v）、水平荷载（F_h）、倾覆力矩（M_k）、扭矩（T_k），以及基础及其上土的自重荷载（G_k），如图6.51所示。

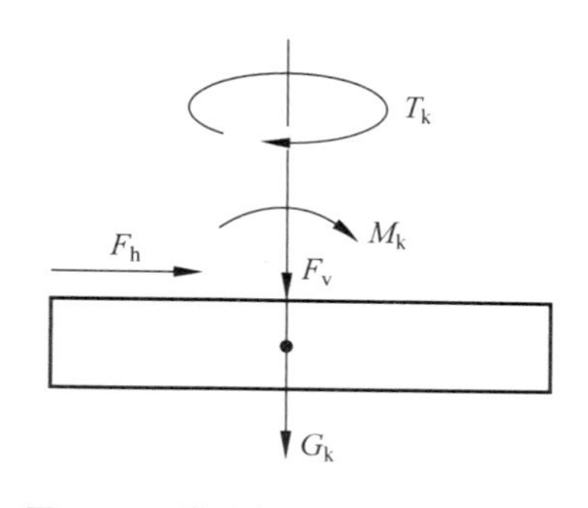

图6.51 塔式起重机基础受力简图

以QTZ63(ZJ5010)塔式起重机为例，通过查阅塔式起重机说明书，获取塔式起重机荷载取值（见表6.1）。

表6.1 QTZ63(ZJ5010)塔式起重机荷载取值

工况	荷载值				
	F_v/kN	F_h/kN	M_1/(kN·m)	M_2/(kN·m)	T_k/(kN·m)
非工作状态	434	73.5	1796	0	0
工作状态	497	29	890	789	175

注：M_1、M_2为倾覆力矩设计值；T_k为扭矩设计值。

（1）工作状态。

① 塔式起重机自重荷载标准值F_v：塔式起重机自重，由表6.1可知本工程所用塔式起重机在工作状态下独立高度的自重标准值为497kN。

② 塔式起重机起重荷载标准值F_{qk}：塔式起重机最大起重量，由表6.1可知最大起重量为工作状态与非工作状态下竖向荷载差值63kN。

③ 水平荷载标准值 F_h：风荷载作用于塔身产生的水平力，由表 6.1 可知水平荷载标准值为 29÷1.35=21.48(kN)。

④ 倾覆力矩标准值 M_1：基础所受到的倾覆力矩标准值，由表 6.1 可知为 890÷1.35=659.26(kN·m)。

⑤ 扭矩标准值 T_k：由表 6.1 可知为 175÷1.35=129.63(kN·m)。

教学视频：塔式起重机基础设计

(2) 非工作状态。

① 塔式起重机自重荷载标准值 F_v 为 434kN，且此时塔式起重机处于非工作状态，不需起吊，塔式起重机起重荷载值为 0。

② 水平荷载标准值 F_h：风荷载作用于塔身产生的水平力，由塔式起重机说明书可知标准值为 73.5÷1.35=54.45(kN)。

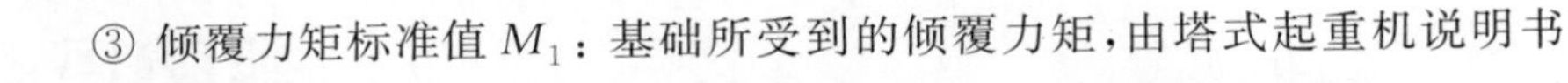

③ 倾覆力矩标准值 M_1：基础所受到的倾覆力矩，由塔式起重机说明书可知标准值为 1796÷1.35=1330.37(kN·m)。

根据表 6.1 获取非工作状态荷载情况，打开品茗建筑安全计算软件，依次选择“设置”→“塔式起重机自重标准值数据库自定义”界面，新增 QTZ63(ZJ5010)塔式起重机型号，根据以上信息完成塔式起重机参数的录入。

2) 荷载输入

打开品茗建筑安全计算软件，新建工程后依次选择“塔式起重机计算”→“矩形基础”→“矩形格构式基础”选项，弹出如图 6.52 所示的界面。塔式起重机型号选择 QTZ63(ZJ5010)，根据取得塔式起重机荷载参数完成塔式起重机传递至承台荷载标准值栏内参数填写。塔式起重机基础的计算依据选择《塔式起重机混凝土基础工程技术标准》(JGJ/T 187—2019)，也可根据地方要求，选择地方标准，如在浙江省可选择《固定式塔式起重机基础技术规程》(DB33/T 1053—2008)。

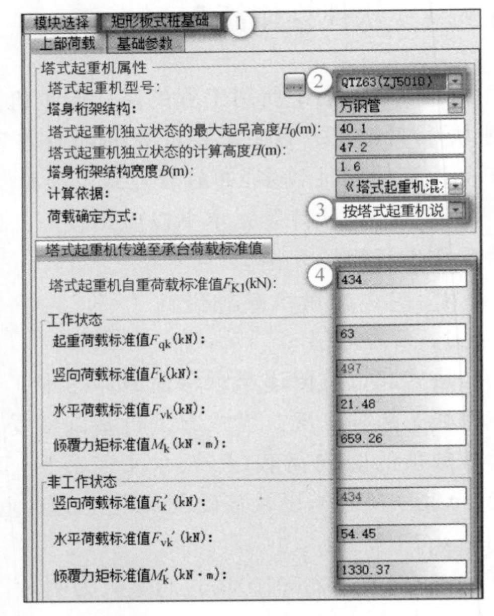

图 6.52 上部荷载参数输入

3) 基础设计

(1) 桩数：本塔式起重机采用四桩组合式基础。

(2) 承台尺寸：承台长×宽×高为 4.2m×4.2m×1.2m。

(3) 承台桩心距：桩心距为工程桩中线间的距离，本塔式起重机基础桩心距取 2.4m。

(4) 桩直径：采用 ϕ800mm 混凝土灌注桩作为塔式起重机基础桩。

(5) 下承台：当桩直径较小时，增加下承台可以增加稳定性，而采用大直径桩，格构柱是直接锚在桩里的，可以不设置下承台。

(6) 桩间侧阻力折减系数：本工程桩间侧阻力折减系数按 0.8 取值。

注：规范中规定，桩心距一般不小于 3 倍的桩直径。当实际现场塔式起重机基础桩心距过小时，为保证基桩基础足够安全，在现有规范计算公式的基础上考虑一定的折减。此系数不小于 0.5 且不大于 1.0。

在品茗建筑安全计算软件中，切换至"基础参数"界面，根据以上参数完成如图6.53所示的基础参数输入。

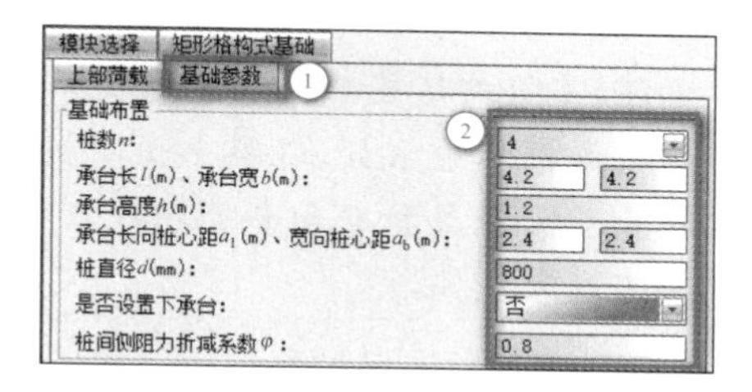

图6.53 基础参数输入

4）承台设计

（1）承台混凝土强度等级：依据设计与施工要求，本项目拟采用C30混凝土。

> **注**：《塔式起重机混凝土基础工程技术标准》(JGJ/T 187—2019)第6.2.1条指出，承台的混凝土等级不应小于C30。

（2）承台混凝土自重：其标准值取25kN/m^3。

（3）承台上部覆土厚度及重度：本工程塔式起重机基础承台位于基坑内侧，基坑开挖后承台无覆土。

> **注**：不同的土层其重度均不相同，可以参照工程地质勘察报告得到。

（4）承台混凝土保护层厚度：承台混凝土保护层厚度取50mm。

> **注**：《混凝土结构设计规范》(GB 50010—2010)(2015年版)第8.2.1条指出，基础中钢筋的混凝土保护层厚度应从垫层顶面算起，且不应小于40mm。

（5）承台底标高：本工程基坑开挖后，混凝土承台底相对标高为−1.2m。

（6）暗梁设置：本工程不设置暗梁。

> **注**：《塔式起重机混凝土基础工程技术标准》(JGJ/T 187—2019)第6.4.4条指出，当板式承台基础下沿对角线交点布置有基桩时，宜在桩顶配置暗梁。

依据以上参数在品茗建筑安全计算软件中完成承台参数设置，如图6.54所示。

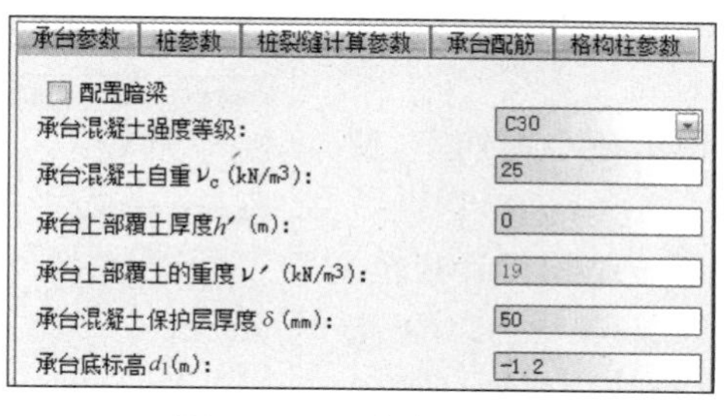

图6.54 承台参数设置

5）基桩设计

（1）桩混凝土强度等级：本工程桩混凝土强度采用C40。

> **注**：《塔式起重机混凝土基础工程技术标准》(JGJ/T 187—2019)第6.2.1条指出，承台的混凝土强度等级不应小于C30，混凝土灌注桩的强度等级不应小于C25，混凝土预制桩的强度等级不应小于C30，预应力混凝土桩的混凝土强度等级不应小于C40。

（2）成桩工艺：本工程采用混凝土灌注桩作为塔式起重机基础桩。

（3）桩基成桩工艺系数：考虑本工程采用混凝土灌注桩，其基桩成桩工艺系数取0.85。

注：《塔式起重机混凝土基础工程技术标准》(JGJ/T 187—2019)第 6.3.6 条指出，对于基桩成桩工艺系数，混凝土预制桩和预应力混凝土空心桩取 0.85；干作业非挤土灌注桩取 0.90；泥浆护壁和套管护壁非挤土灌注桩与挤土灌注桩取 0.70～0.80；软土地区挤土灌注桩取 0.60。

(4) 桩混凝土保护层厚度：本工程混凝土灌注桩保护层厚度统一取 40mm。

注：《塔式起重机混凝土基础工程技术标准》(JGJ/T 187—2019)第 6.2.2 条指出，灌注桩和预制桩主筋的混凝土保护层厚度不应小于 35mm，水下灌注桩主筋的混凝土保护层厚度不应小于 50mm。

(5) 桩底标高：桩端持力层宜选择中低压缩性的黏性土、中密或密实的砂土或粉土等承载力较高的土层。对于桩端全断面进入持力层的深度，黏性土、粉土不宜小于 $2d$，砂土不宜小于 $1.5d$，碎石类土不宜小于 $1d$；当存在软弱下卧层时，桩端以下硬持力层厚度不宜小于 $3d$，并应验算下卧层的承载力。此处桩底相对标高为 −35m。

(6) 桩有效长度：基桩在土层中的长度，软件会结合承台底部标高及格构柱长度自动计算。

(7) 桩混凝土类型：本工程基桩采用钢筋混凝土桩。

(8) 桩纵向钢筋最小配筋率：桩纵向钢筋最小配筋率取 0.4。

注：《塔式起重机混凝土基础工程技术标准》(JGJ/T 187—2019)第 6.2.2 条指出，基桩钢筋的配置应符合计算和构造要求。对于纵向钢筋的最小配筋率，灌注桩不宜小于 0.20%～0.65%(小直径桩取高值)，预制桩不宜小于 0.80%，预应力混凝土管桩不宜小于 0.45%。

(9) 桩裂缝计算：轴心抗拔桩的裂缝控制宜按三级裂缝控制等级计算。

依据以上参数在品茗建筑安全计算软件中完成桩参数设置，如图 6.55 所示。

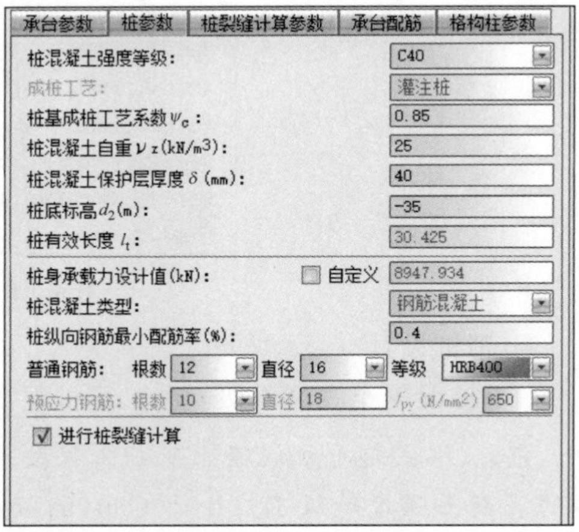

6) 配筋参数设计

需按照设计要求验算得出最小配筋率，便于计算实际配筋数量。

最小配筋率要求：《混凝土结构设计规范》(GB 50010—2010)(2015 年版)第 8.5.1 条指出，受弯构件，偏心受拉、轴心受拉构件一侧的受拉钢筋，其最小配筋率取 0.2% 和 $45f_t/f_y$ 的较大值。

图 6.55 桩参数输入

7) 格构柱参数

(1) 格构柱缀件形式：格构柱缀件形式分为缀板和缀条两种，分别是以钢板、角钢等焊接连接角钢肢件。此处选择缀板。

(2) 格构式钢柱的截面边长：《塔式起重机混凝土基础工程技术标准》(JGJ/T 187—2019)第 7.2.2 条中要求格构式钢柱的布置应与下端的基桩轴线重合且宜采用焊接四肢式对称构件，截面轮廓尺寸不宜小于 400mm×400mm。且某些地区的地方政策可能会有更高要求，如杭建监总[2012] 13 号文规定，格构式钢柱的截面尺寸不宜小于 450mm×450mm。此处设置界面边长为 460mm。

(3) 格构式钢柱计算长度：承台厚度中心至格构柱钢底(插入灌注桩的底端)的高度，根据其高度要求，对分肢的尺寸也有一定的限制。此处取格构柱长度为 7m，格构柱分肢材料用 L140mm×140mm 的角钢。

依据以上参数在品茗建筑安全计算软件中完成格构柱参数设置，如图 6.56 所示。

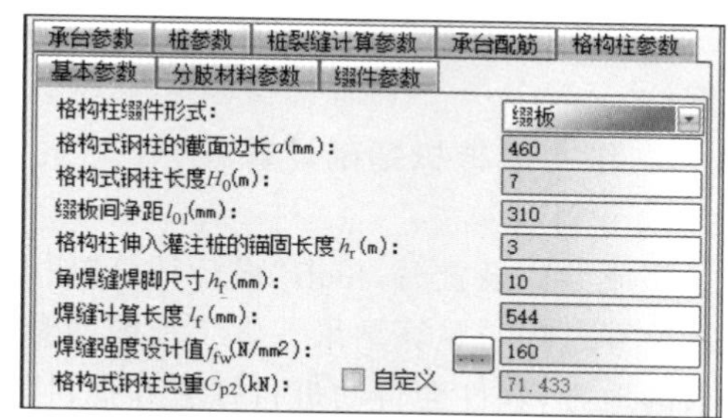

图 6.56　格构柱参数设置

8) 地基参数输入

(1) 地下水位至地表的距离：由工程地质勘察报告可知，地下水位至地表距离为 5.6m。

(2) 自然地面标高：本工程自然地面相对标高为−0.1m。

(3) 各土层参数表：根据塔式起重机基础所在总平面位置，参照工程地质勘察报告，基桩土层情况如表 6.2 所示。

表 6.2　基桩地基土设计计算参数表

编号	土 层 名 称	厚度/m	侧阻力特征值/kPa	端阻力特征值/kPa	抗拔系数	承载力特征值/kPa
1	淤泥质土	5	8	120	0.8	85
2	粉土	5.8	22	480	0.7	140
3	淤泥质土	1.1	10	400	0.8	160
4	黏性土	5.9	31	580	0.8	90
5	黏性土	5.3	34	600	0.8	220
6	黏性土	2.2	23	600	0.8	130
7	黏性土	5.6	35	600	0.8	240
8	强风化岩	3.6	30	1200	0.8	180
9	强风化岩	2	50	1500	0.8	260
10	强风化岩	5.9	60	2000	0.8	260

在输入地基参数时，需要将土层信息填写完整，保证土层总厚度大于桩底位置高度，如图 6.57 所示。

地基参数　软弱下卧层计算

地下水位至地表的距离h_z(m)：5.6

自然地面标高d(m)：-0.1

	土层名称	厚度(m)	侧阻力特征值	端阻力特征值	抗拔系数	承载力特征值(kPa)
1	淤泥质土	5	8	120	0.8	85
2	粉土	5.8	22	480	0.7	140
3	淤泥质土	1.1	10	400	0.8	160
4	黏性土	5.9	31	580	0.8	90
5	黏性土	5.3	34	600	0.8	220

图 6.57　地基参数设置

9) 软弱下卧层计算

地基由多层土组成时，持力层以下存在容许承载力小于持力层容许承载力 1/3 的土层时，此类土层叫作软弱下卧层。

注：《建筑桩基技术规范》(JGJ 94—2008)第 5.4.1 条指出，对于桩距不超过 $6d$(d 为桩直径)的群桩基础，桩端持力层下存在承载力低于桩端持力层承载力 1/3 的软弱下卧层时，需计算软弱下卧层的承载力。

本工程桩端持力层及下部土层均为强风化晶屑玻屑凝灰岩，不存在软弱下卧层，则无须验算。

2. 塔式起重机基础计算

1) 设计计算

完成参数设置后，单击“设计计算”按钮生成该塔式起重机基础计算书，在计算书界面检查其验算过程与验算结果。本工程前期参数设置合理，安全验算均满足要求，如出现不满足要求的地方，软件会自动进行提醒并提供参数调整建议。

2) 施工方案

如图 6.58 所示，单击“施工方案”按钮，生成 Word 版塔式起重机基础施工方案。需要注意的是，通过软件生成的方案书需要经过后期的处理，以适应针对性的要求，如图纸、图表、工程概况、组织结构、应急救援等内容。

3) 施工交底

如图 6.58 所示，单击“技术交底”按钮，可以添加塔式起重机基础设计详图后，单击“确定”按钮生成技术交底文档用于施工交底。

图 6.58 生成专项方案操作步骤

教学视频：塔式起重机基础验算与方案编制

6.6.5 案例

塔式起重机基础工程安全专项施工方案的案例请见“塔式起重机基础工程安全专项施工方案实例”。

案例：塔式起重机基础工程安全专项施工方案实例

6.7 装配式建筑混凝土预制构件安装工程专项施工方案

6.7.1 编制依据

1. 相关设计、施工规范、法律法规

(1)《混凝土结构设计规范》(GB 50010—2010)(2015 年版)。

(2)《建筑抗震设计规范》(GB 50011—2010)(2016 年版)。

(3)《建筑结构荷载规范》(GB 50009—2012)。

(4)《混凝土结构工程施工质量验收规范》(GB 50204—2015)。

(5)《混凝土结构工程施工规范》(GB 50666—2011)。

(6)《建筑工程施工质量验收统一标准》(GB 50300—2013)。

(7)《装配式混凝土建筑技术标准》(GB/T 51231—2016)。

(8)《装配式混凝土结构技术规程》(JGJ 1—2014)。

(9)《预制混凝土楼梯》(JG/T 562—2018)。

(10) 装配式建筑标准图集。

(11) 地方性标准或管理办法,如浙江省的《装配整体式混凝土结构工程施工质量验收规范》(DB33/T 1123—2016)、《装配式建筑评价标准》(DB33/T 1165—2019)等。

(12) 其他相关的设计、施工验收规范、规程、施工手册等。

2. 工程施工的相关文件

(1) 本工程的施工图及混凝土预制构件深化设计文件。

(2) 本工程的施工组织设计文件。

(3) 本工程的施工合同。

(4) 本工程相关的其他文件等。

6.7.2 主要内容

装配式建筑混凝土预制构件安装工程专项施工方案主要内容包括以下几个方面。

(1) 编制依据:相关的设计、施工规范标准、相关法律法规及政策规定、设计施工图、施工组织设计、施工合同等。

(2) 工程概况:工程名称、工程地点、参建单位、工程特点、预制构件情况及预制构件重难点等。

(3) 交通部署:包括交通概况及交通组织等。

(4) 施工部署:包括施工进度计划、塔式起重机选型、材料、设备和劳动力组织、临时用电布置、预制构件堆场设置等。

(5) 施工工艺:施工测量定位、不同类型的预制构件的吊装顺序及吊装工艺要求等。

(6) 质量保证措施。

(7) 安全保证措施。

(8) 应急预案。

(9) 计算书及附图。

具体安装工程的安全专项施工方案内容会根据工程特点等有所增加或减少。

6.7.3 软件操作简介

本小节以书中所附工程中装配式建筑混凝土预制构件安装工程专项施工方案为例，对施工方案中涉及的部分内容进行计算，目前常见的安全计算软件包括品茗建筑安全计算软件、PKPM安全计算软件、一洲安全计算软件等。本书以应用广泛的品茗建筑安全计算软件为例，对相关内容的软件操作进行简单介绍。

1. 新建模板工程

双击桌面图标打开软件，在界面单击“新建”按钮。打开“工程属性”对话框，输入工程基本信息，完成新工程的建立。如已存在拟建工程，则直接单击“打开”按钮找出对应工程即可。

2. 模块选择

新建工程之后进入“模块选择”界面，选择“模板工程”选项，弹出“模板工程”界面，左侧可以针对不同地区进行选择，以全国为例，右侧有危险性分析、悬挑支撑结构、跨空支撑结构、地下室临时支撑设计、柱模板、墙模板、板模板、叠合楼板支撑架、梁模板、跨越式门洞支撑、模板支架对楼盖影响11大类计算内容。根据工程实际所需进行选择，叠合楼板支撑架计算时选择“叠合楼板支撑架(扣件式)”选项，如图6.59所示。

3. 参数填写

进入“基本参数”对话框，结合工程实际合理填写叠合楼板工程属性、支撑体系设计参数、荷载设计参数、预制楼板信息、支架所涉及材料的参数、支架立杆地基基础参数和架体构造设计参数。叠合楼板支架计算依据这一栏，选择不同的依据规范计算结果会有所不同，这里选择常用的《建筑施工脚手架安全技术统一标准》(GB 51210—2016)。在叠合楼板工程属性这一栏，将施工图中叠合楼板支架范围内的相关信息填入，其中脚手架安全等级根据架体搭设高度进行选择，这里选择Ⅱ级，具体如图6.60所示。

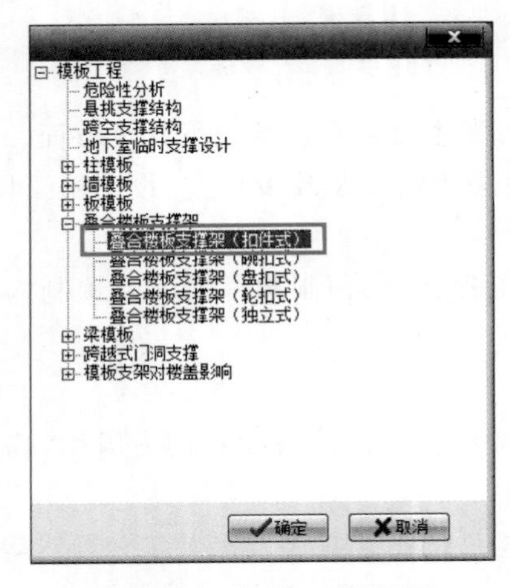

图6.59 “模板工程”界面

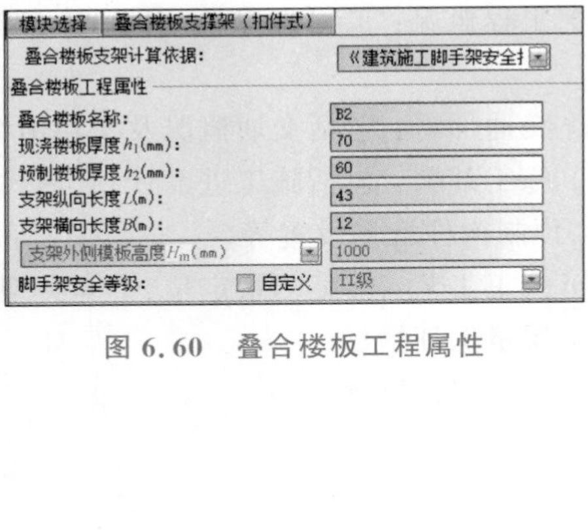

图6.60 叠合楼板工程属性

在支撑体系设计这一栏填入拟将采用的支撑数据，并根据计算结果、支撑体系的经济性及方便性等方面可以优化支撑体系设计参数，本工程在叠合楼板支架搭设高度根据工程实际情况填写2.95，主梁布置方向选择平行立杆纵向方向，水平拉杆步距填写1700，立杆纵向间距填写1000，立杆横向间距填写1000，荷载传递至立杆方式选择可调托座，预制楼板最大悬挑长度填写150，主梁最大悬挑长度填写100，结构表面的要求根据工程实际情况选择结构表面隐蔽，具体如图6.61所示(由于架体高宽比小于3，不需要进行架体抗倾覆验算，故不进行勾选)。

在荷载设计中根据《混凝土结构工程施工规范》(GB 50666—2011)要求进行填写，其中其他可变荷载标准值可根据工程实际情况进行调整，风荷载根据工程所在地的实际情况进行调整，具体如图6.62和图6.63所示。

支撑体系设计
叠合楼板支架搭设高度H(m)：2.95
主梁布置方向：平行立杆纵向方向
水平拉杆步距h(mm)：1700
立杆纵向间距l_a(mm)：1000
立杆横向间距l_b(mm)：1000
荷载传递至立杆方式：可调托座
预制楼板最大悬挑长度(mm)：150
主梁最大悬挑长度(mm)：100
结构表面的要求：结构表面隐蔽
荷载系数自定义　架体抗倾覆验算

图6.61　支撑体系设计

其他荷载　风荷载
永久和可变荷载标准值
预制楼板自重标准值G_{1k}(kN/m^2)：1.5
新浇筑混凝土自重标准值G_{2k}(kN/m^3)：24
钢筋自重标准值G_{3k}(kN/m^3)：1.1
施工荷载标准值Q_{1k}(kN/m2)：2.5
其他可变荷载标准值Q_{2k}(kN/m2)：1
支撑脚手架计算单元上集中堆放的物料自重标准值Q_{jk}(kN)：1

图6.62　“其他荷载”界面

在“预制楼板”界面中，根据结构图和深化设计图纸的具体情况进行填写，混凝土强度等级填写C30，根据混凝土强度查《混凝土结构设计规范》(GB 50010—2010)(2015年版)得其对应的混凝土抗压强度设计值为14.3N/mm^2，混凝土保护层厚度填写15。在计算跨度方向配筋这一栏，钢筋直径填写8，钢筋间距填写180，钢筋等级选择HRB400，根据钢筋等级查《混凝土结构设计规范》(GB 50010—2010)(2015年版)得其对应的钢筋抗拉强度设计值为360N/mm^2，验算方式选择三等跨连续梁，具体如图6.64所示。

其他荷载　风荷载
考虑风荷载
单榀支架风荷载标准值ω_k(kN/m^2)：0.02
整体支架风荷载标准值ω_{fk}(kN/m^2)：0.24
支架外侧模板风荷载标准值ω_{mk}(kN/m^2)：0.199
基本风压　风压高度变化系数　风荷载体型系数
风压重现期：10年一遇
省份：浙江
地区：杭州市
基本风压ω_0(kN/m^2)：0.3

图6.63　“风荷载”界面

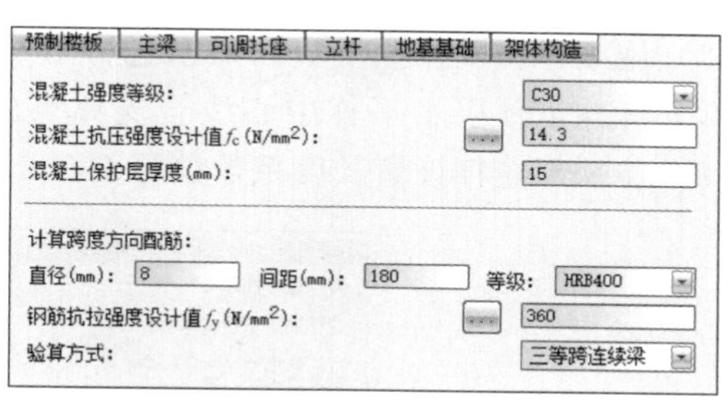

图6.64　“预制楼板”界面

在“主梁”界面中，材质及类型选择方木，方木宽填写35，方木高填写85，验算方式选择三等跨连续梁，其余参数软件根据所选择的材料及规格自动生成，具体如图6.65所示。

在“可调托座”界面中，可调托座内主梁根数选择2，可调托座承载力容许值填写30，主梁受力不均匀系数填写0.6(考虑可调托座内主楞受力不均匀，本参数取受力较大的主楞所分担的荷载比值)，具体如图6.66所示。

预制楼板 | 主梁 | 可调托座 | 立杆 | 地基基础 | 架体构造

材质及类型:	方木	截面类型:	H16木工字梁
方木宽(mm):	35	方木高(mm):	85
主梁抗弯强度设计值[f](N/mm2):	15.444	主梁截面惯性矩I(cm4):	179.12
主梁抗剪强度设计值[τ](N/mm2):	1.663	主梁截面抵抗矩W(cm3):	42.146
主梁弹性模量E(N/mm2):	8415	验算方式:	三等跨连续梁

图 6.65 “主梁”界面

预制楼板 | 主梁 | 可调托座 | 立杆 | 地基基础 | 架体构造

可调托座内主梁根数:	2
可调托座承载力容许值[N](kN):	30
主梁受力不均匀系数:	0.6

图 6.66 “可调托座”界面

在“立杆”界面中，钢材等级选择 Q345，钢管截面类型选择Φ 48×3.5，计算截面类型选择Φ 48×3(考虑钢管折旧)，其余参数软件根据所选择的材料及相关规范自动生成，具体如图 6.67 所示。

在“地基基础”界面中，根据工程实际情况填写相关内容，这里在模板支架作用位置选择混凝土楼板，支撑层楼板厚度填写 130，混凝土强度等级填写 C30，混凝土的龄期根据施工进度选择 7，其中混凝土实测强度根据实际检测数据进行填写，立杆垫板长填写 200，立杆垫板宽填写 200，具体如图 6.68 所示。

预制楼板 | 主梁 | 可调托座 | 立杆 | 地基基础 | 架体构造

钢材等级:	Q345
钢管截面类型(mm):	Φ48×3.5
钢管计算截面类型(mm):	Φ48×3
回转半径i(mm):	15.9
立杆抗压强度设计值[f](N/mm2):	300
立杆截面面积(mm2):	424
立杆截面抵抗矩W(cm3):	4.49
支架自重标准值(kN/m):	0.15

图 6.67 “立杆”界面

预制楼板 | 主梁 | 可调托座 | 立杆 | 地基基础 | 架体构造

模板支架作用位置:	混凝土楼板
支撑层楼板厚度h(mm):	130
混凝土强度等级:	C30
混凝土的龄期(天): 查表	7
混凝土的实测抗压强度fc(N/mm²):	8.294
混凝土的实测抗拉强度ft(N/mm²):	0.829
立杆垫板长a(mm):	200
立杆垫板宽b(mm):	200

图 6.68 “地基基础”界面

在“架体构造”界面中，根据《建筑施工扣件式钢管脚手架安全技术规范》(JGJ 130—2011)、施工经验及作业人员的习惯进行填写，剪刀撑设置选择普通型，立杆顶部步距填写 500，立杆伸出顶层水平杆中心线至支撑点的长度填写 200，顶部立杆计算长度系数填写 1.386，非顶部立杆计算长度系数填写 1.755，具体如图 6.69 所示。

预制楼板 | 主梁 | 可调托座 | 立杆 | 地基基础 | 架体构造

剪刀撑设置:	普通型
立杆顶部步距hd(mm):	500
立杆伸出顶层水平杆中心线至支撑点的长度a(mm):	200
顶部立杆计算长度系数μ1:	1.386
非顶部立杆计算长度系数μ2:	1.755

图 6.69 “架体构造”界面

4. 生成计算书

参数填写完成后，单击“设计计算”按钮，生成相应计算书。

6.7.4 案例

案例：装配式建筑混凝土预制构件安装工程专项施工方案实例

装配式建筑混凝土预制构件安装工程专项施工方案的案例请见“装配式建筑混凝土预制构件安装工程专项施工方案实例”。

练 习 题

1. 危险性较大的分部分项工程需要进行专家论证的依据是什么？
2. 请列举常见的建筑工程施工中的危险性较大的分部分项工程(不少于5项)。
3. 超过一定规模的危险性较大的分部分项工程专项施工方案由哪些单位编制？
4. 超过一定规模的危险性较大的分部分项工程专项施工方案专家论证会的参会人员有哪些？
5. 简述深基坑工程安全专项施工方案编制依据的内容。
6. 简述深基坑工程安全专项施工方案的主要内容。
7. 常见的安全计算软件有哪些？
8. 结合具体的深基坑工程，完成该工程的安全专项施工方案。
9. 简述降水工程安全专项施工方案编制依据的内容。
10. 简述降水工程安全专项施工方案的主要内容。
11. 结合具体的降水工程，完成该工程的安全专项施工方案。
12. 简述脚手架安全专项施工方案编制依据的内容。
13. 简述落地式脚手架工程安全专项施工方案的主要内容。
14. 结合具体的脚手架工程，完成该工程的安全专项施工方案。
15. 简述高大模板工程安全专项施工方案编制依据的内容。
16. 简述高大模板工程安全专项施工方案的主要内容。
17. 简述“板模板”计算书中的主要计算项有哪些？(模板验算、次楞验算、主楞验算、可调托座验算、立杆验算、高宽比验算等)
18. 结合具体的高大模板工程，完成该工程的安全专项施工方案。
19. 工程中常用的塔式起重机有哪几种类型？
20. 如果塔式起重机基础类型为矩形板式桩基础，桩的设计验算需要考虑哪些内容？
21. 简述塔式起重机工程安全专项施工方案的主要内容。
22. 简述装配式建筑混凝土预制构件安装工程专项施工方案编制依据的内容。
23. 简述装配式建筑混凝土预制构件安装工程专项施工方案的主要内容。
24. 简述“叠合楼板支撑架”计算书中的主要内容，它与“现浇楼板板模板”的计算内容有什么区别？(预制楼板验算、主梁验算、可调托座验算、立杆验算、立杆支撑面承载力验算等)
25. 结合具体的装配式建筑混凝土预制构件安装工程，完成该工程的专项施工方案。

第7章 建筑工程施工进度计划编制

7.1 基本介绍

7.1.1 建筑工程施工进度计划的概念

施工进度计划是施工组织为实现一定施工目标而科学地预测并确定未来的行动方案，是施工组织设计的关键内容。它主要解决以下三个问题。

(1) 确定施工工期目标。

(2) 确定为达成施工工期目标的工作时序。

(3) 确定各项施工工作所需的资源比例。

通过编制施工进度计划可以确立工作的责任范围和相应的职权；可以促进交流与沟通，使各项施工工作协调一致；可明确目标、实现目标的方法、途径及期限，并确保时间、成本及其他资源需求的最小化；可记录施工活动信息或资源约定，便于对变化进行管理；可把叙述性报告的需要减少到最低量，用图表的方式使报告效果更好。编制施工进度计划要遵循目的性、系统性、动态性及相关性原则。

7.1.2 建筑工程施工的作业方法

1. 基本作业方法

施工进度计划基本作业方法包括：依次作业法、平行作业法和流水作业法。实际工程中施工进度计划是基本作业方法的综合运用。各种综合作业方法的优点如下。

(1) 平行流水作业法。工、料、机需要量比较均衡，工期比流水作业法短，能够有效地缩短专业队(组)的间歇时间，充分利用施工资源。

(2) 平行依次作业法。适合于突击性工程或合同段内含有若干个相对独立的单段多工序型施工过程的项目。

(3) 立体交叉平行流水作业法。在工作面受限制时，可充分利用工作面，有效地缩短工期。

2. 流水作业

1) 组织流水作业的前提条件

(1) 具备若干个施工段。

(2) 每个施工段的施工过程基本相同。每个施工段的施工生产过程必须是由若干道工序或操作过程组成，而各施工段的工序及工艺顺序基本是相同的。

（3）每道工序由专门组建的专业施工队（组）完成。按工艺原则组建专业施工队（组），每道专业性较强的工序（或操作过程）都必须由相应的专业队（组）来完成。

2）流水施工的参数

流水施工的参数一般包括施工过程数 n、施工段数 m、流水节拍 t_i、流水步距 K 和流水施工工期 T。

（1）施工过程数 n。在组织流水施工时，用以表达流水施工在工艺上开展层次的有关过程，称为施工过程，记为 n。

（2）施工段数 m。在组织流水施工时，把施工对象（拟建工程）在平面或空间上划分为若干个工程量基本相等的施工段，记为 m。

（3）流水节拍 t_i。一个施工过程（专业工作队）在各个施工段完成其工作所需要的持续时间。

（4）流水步距 K。两个相邻施工过程（专业工作队）先后进入同一施工段开始施工的时间间隔。

（5）流水施工工期 T。流水施工从开始到结束的全长时间。

7.1.3 建筑工程施工进度计划的类型

施工项目通常可按建设项目、单项工程、单位工程、分部和分项工程的次序进行分解。大、中型的建设项目，往往由若干个单项工程或单位工程组成，以形成一个建筑群。工业建筑工程，除了主厂房和主装置之外，还有许多辅助、附属工程，只有协调施工，相互配合，才能保证总体工程投产使用。民用住宅小区除住宅外，还包括文教用房、商业用房、娱乐设施、园林绿化和市政配套等设施，也需要有一个依次交付使用的先后顺序。

建筑工程施工进度计划按项目层次区分可分为控制性施工总进度计划、实施性施工分进度计划、操作性施工作业计划，如表 7.1 所示。

表 7.1 进度计划类型

序号	进度目标	计划名称	形式	内容	编制时间	用途
1	建设工期	总进度计划	横道图 网络图	建筑项目 总体安排	设计阶段	控制性计划
2	建设工期	分进度计划	网络图 横道图	单位工程 进度安排	施工投标 阶段	控制性计划 实施性计划
3	作业时间	施工作业计划	网络图	分部、分项 工程进度计划	施工准备 阶段	作业性计划

施工总进度计划属于控制性施工进度计划，是施工现场各项施工活动在时间上所做的安排，它是施工部署在时间上的具体体现。在编制施工总进度计划时，应根据施工部署中建设工程分期、分批投产顺序，将每个交工系统的各项工程分别列出，在控制的期限内进行各项工程的具体安排。如建设项目的规模不太大，可直接安排施工总进度计划。

单位工程施工进度计划属于实施性施工进度计划，是指在选定施工方案的基础上，根据规定工期和各种资源供应条件，按照施工过程的合理施工顺序及组织施工的原则，用横道图或网络计划图，对单位工程从开始施工到工程竣工的全部施工过程在时间上和空间上进行合理安排。当采用网络计划图时，有以下两种安排方式。

(1) 单位工程规模较大时，若绘制一个详细的网络计划图可能太复杂，图也太大，不利于施工管理。此时，可绘制分级的网络计划图，先绘制整个单位工程的控制性网络计划图，在此网络计划图中，施工过程的内容较粗(例如，在高层建筑施工中，一根箭线可能就代表整个基础工程或一层框架结构的施工)，它主要用于对整个单位工程作宏观的控制。在具体指导施工时，再编制详细的实施性网络计划图，如基础工程实施性网络计划图、主体结构标准层实施性网络计划图等。

(2) 单位工程规模较小时，可绘制一个详细的网络计划图，依据网络计划图技术的基本原理(如网络图的组成、绘制原则、排列方法)，进行参数的计算、关键工作和关键线路判断以及工期的确定。

7.1.4 建筑工程施工进度计划的表现形式

建筑工程施工进度计划的表现形式主要有横道图和网络计划图。

1. 横道图

横道图的形式如表 7.2 所示。从表 7.2 可以看出，它由左、右两部分组成。左边部分列出各种计算数据，如分部分项工程名称、工程量、时间定额、劳动量、需用机械以及参加施工的工人数和施工进度等。右边上部是从规定的开工之日起到竣工之日止的时间表。右边是按左边表格的计算数据设计的进度指示图表。用线条形象地表示出各个分部分项工程的施工进度和总工期；反映出各分部分项工程相互关系和各个施工队在时间与空间上开展工作的相互配合关系。有时可在其下面汇总单位工程在计划工期内的资源配置的动态曲线。

表 7.2 单位工程施工进度计划横道图表

序号	分部分项工程名称	工程量		时间定额	劳动量		需用机械		每日工作班次	每班工作人数	工作天数	施工进度							
		单位	数量		工种	数量(工日)	机械名称	台班数量				1月					2月		
												5	10	15	20	25	5	10	15

横道图可以表达一项工程的全面计划。横道图的表达形式简单、明晰、形象、易懂，但不能反映各分部分项工程之间相互依赖与制约的关系，更不能反映施工过程中的关键分部分项工程和可以机动灵活使用的时间，且看不到计划中的潜力。用横道图编制施工进度计划一般依据流水施工的基本原理，方法包括节奏专业流水里的固定节拍流水、成倍节拍流水、加快成倍节拍流水，以及非节奏专业流水等。但实际与理论是有一定差距的，因为在实际进

度计划编制中，分部分项工程项目较多，各项目在施工段上的作业时间很难完全相等，有时甚至相差很远，要使所有的分部分项工程连续、均衡地施工，将会导致工期较长，在实际操作中是不经济，也是不允许的。因此，在编制施工进度横道图时，只可能做到尽量组织流水施工。

2. 网络计划图

网络计划图包括双代号网络计划、单代号网络计划、双代号时标网络计划、单代号搭接网络计划。国内多用双代号网络图。施工网络计划图是一种呈网状图形的计划，它明确表现了施工过程中各工序之间的逻辑关系，突出了关键工序，显示了其他工序的机动时间。网络计划图可以找出关键线路，便于管理人员抓住施工中的关键，并可预见到各工序对工期的影响程度，及时进行资源的调配。双代号时标网络计划图的形式如图 7.1 所示，左侧上下为时间轴，中间为网络计划图绘制区，右侧为图注区。

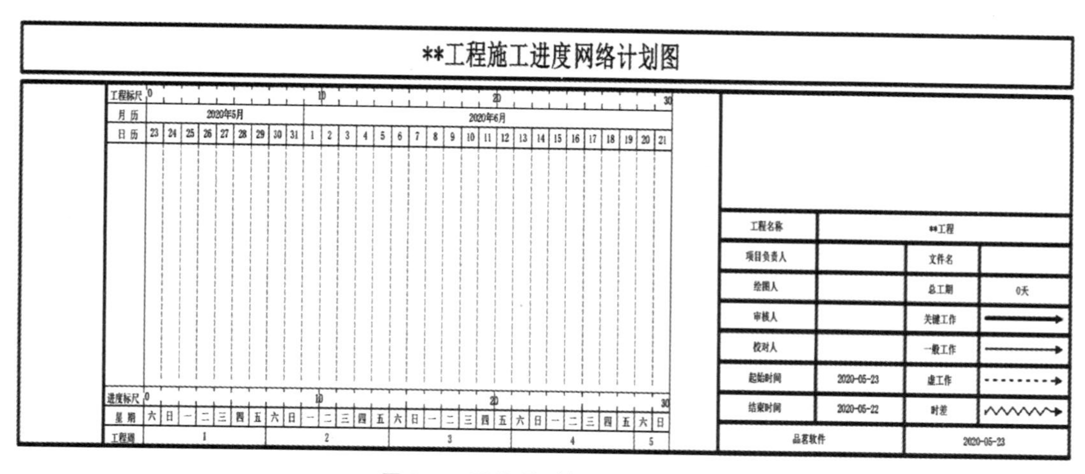

图 7.1　双代号时标网络计划图

3. 网络计划图与横道图的比较

网络计划图与横道图的比较如表 7.3 所示。

表 7.3　网络计划图与横道图的比较

类别		内容
网络计划图	优点	能够明确表达各项工作之间的逻辑关系； 通过网络计划时间参数的计算，可以找到关键工作和关键线路，可以明确各项工作的机动时间； 网络计划可以通过计算机进行计算、优化（工期优化、资源优化、成本优化）和动态调整
	缺点	没有横道图直观
横道图	优点	形象、直观、易于编制和理解
	缺点	不能明确反映各项工作之间错综复杂的相互关系，在计划执行过程中，某项工作由于某种原因或提前或拖延，不便于分析其对总工期和其他工作的影响程度，不利于工程进度的动态调整； 不能明确反映影响工期的关键线路和关键工作，无法反映项目的关键所在，不便于进度控制人员抓住主要矛盾； 不能反映工作的机动时间，无法进行更合理的组织，不便于缩短工期； 不能反映工程费用和工期之间的关系，不便于控制工程成本

7.2 编制所需资料

建筑工程施工进度计划编制所需资料如下所述。

(1) 上级合同规定的开工、竣工日期。

(2) 设计图纸、定额资料等。

(3) 工程项目所在地的水文、地质、气象等自然情况。

(4) 工程项目所在地资源可利用情况。

(5) 项目部可能投入的施工力量、机械设备和主要材料的供应及到货情况。

(6) 影响施工的经济条件和技术条件。

(7) 主要工程的施工方案。

(8) 工程项目的外部条件等。

7.3 编制原则

建筑工程施工进度计划的编制原则如下所述。

(1) 符合合同文件中有关进度的要求。

(2) 编制的施工进度计划应先进、可行。

(3) 切合实际,与项目经理部的施工能力相协调。

(4) 满足企业对工程项目要求的施工进度目标。

(5) 保证施工过程的均衡性和连续性。

(6) 有利于节约施工成本,保证施工质量和施工安全。

(7) 采用科学的方法编制施工进度计划,如采用网络计划技术等方法。

7.4 编制的程序

施工进度计划的编制过程主要包括划分施工过程,计算工程量、劳动量、机械台套数、施工班组人数、每天工作班次、工作持续时间,确定分部分项工程(施工过程)施工顺序及搭接关系,最后绘制进度计划表。施工进度计划编制流程如图 7.2 所示,下面具体说明建筑工程施工进度计划编制的基本程序。

(1) 分析工程施工任务和条件,确定并分解工程进度目标,某单位工程按施工阶段分解,如图 7.3 所示。

(2) 安排施工总体部署,拟订主要施工项目的技术、组织方案。

(3) 确定施工过程内容和名称。可概括也可具体,应根据实际需要确定。

编制施工进度计划应首先按照施工图和施工顺序将单位工程的各施工过程列出,项目包括从准备工作直到交付使用的所有土建、设备安装工程,将其逐项填入表中工程名称栏内,名称可参照现行概(预)算定额手册。

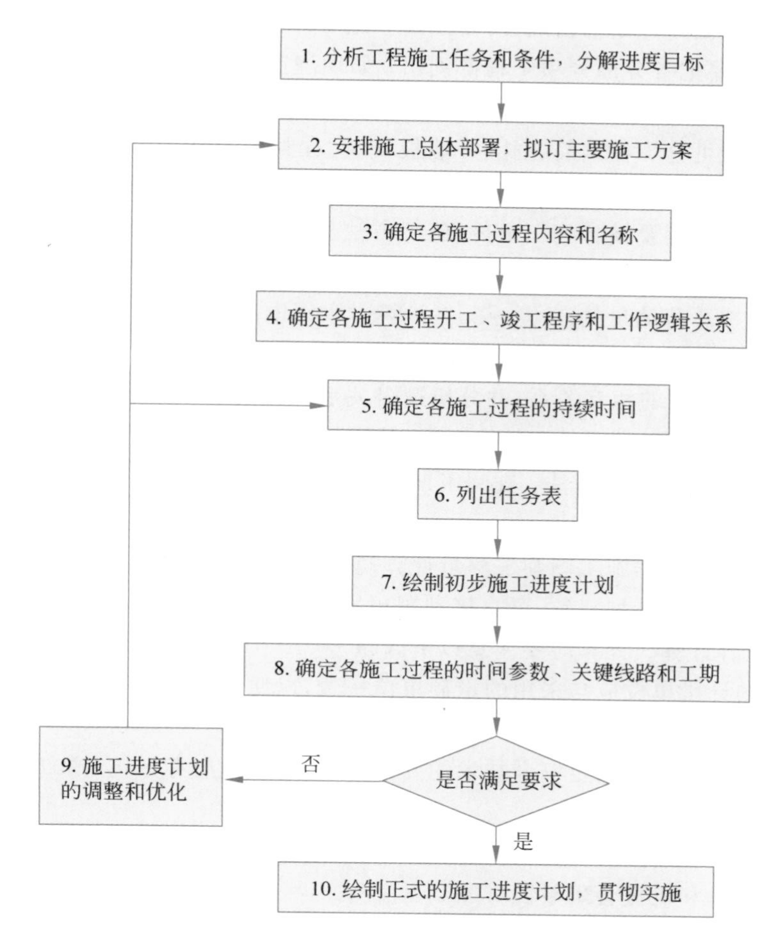

图7.2　施工进度计划编制流程

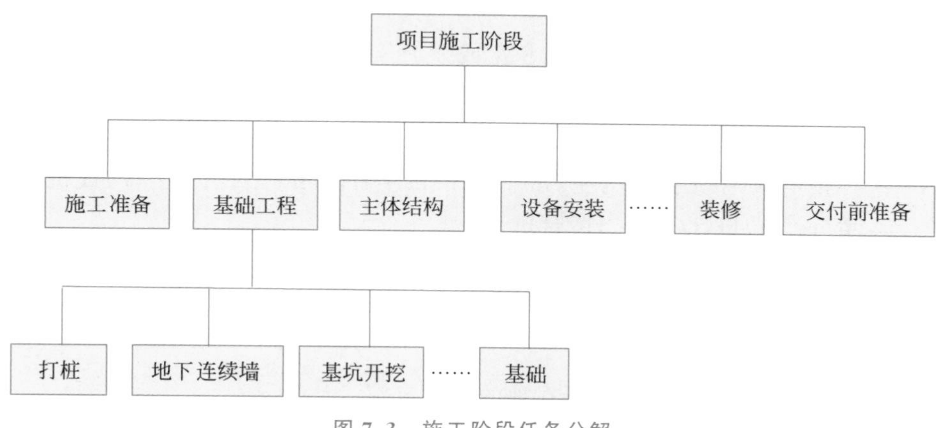

图7.3　施工阶段任务分解

工程项目划分取决于进度计划的需要。对控制性进度计划，其划分可较概括，列出分部工程即可。对实施性进度计划，其划分需较具体，特别是对主导工程和主要分部工程，要求应更详细、具体，以提高计划的精确性，便于指导施工。如对框架结构住宅，除了要列出各分部工程项目外，还要把各分部分项工程都列出；如现浇钢筋混凝土工程可先分为柱浇筑、梁板浇筑等项目，然后还应将其分为支模、绑扎钢筋、浇筑混凝土、养护、拆模等项目；如装配式钢筋混凝土工程可分为柱钢筋绑扎、外墙板安装、柱封模及加固、梁板支模、叠合板安装、梁板钢筋绑扎、混凝土浇筑。

施工项目的划分还要结合施工条件、施工方法和劳动组织等因素。凡在同一时期可由同一施工队完成的若干施工过程可合并，否则应单列。对次要零散项目，可合并为“其他工程”，其劳动量可按总劳动量的 10%～20%计算。水暖电卫、设备安装等专业工程也应列于表中，但只列项目名称，并标明起止时间。

(4) 确定施工过程的相互关系，并分析逻辑关系。

(5) 确定各施工活动的开始和结束时间，估算持续时间，即流水节拍 t_i。

流水节拍 t_i 确定的一般方法：查阅工期定额及类似工程经验资料；计算各施工工作的工程量和有关时间；三点估算法。

工程量的计算应根据施工图和工程量计算规则进行。若已有预算文件且采用的定额和项目划分又与施工进度计划一致，可直接利用预算工程量，若有某些项目不一致，则应结合工程项目栏的内容计算。计算时要注意以下问题。

① 各项目的计量单位应与采用的定额单位一致，以便计算劳动量、材料、机械台班量时直接利用定额。

② 要结合施工方法和满足安全技术的要求，如土方开挖应考虑坑(槽)的挖土方法和边坡稳定的要求。

③ 要按照施工组织分区、分段、分层计算工程量。

④ 确定劳动量和机械台班量。

根据各分部分项工程的工程量 Q，套用施工定额计算各施工过程的劳动量或机械台班量 P。施工定额有时间定额和产量定额，它们互为倒数。人工操作时计算劳动量；机械操作时计算机械台班量。计算公式为

$$P=Q/S \quad \text{或} \quad P=QH \tag{7.1}$$

式中：P——某施工过程项目所需劳动量(工日)或机械台班量(台班)；

Q——工程量(m^3、m^2、t)；

S——产量定额，手工操作为主(m^3/工日、m^2/工日、m/工日、t/工日)或机械操作为主(m^3/台班、t/台班、件/台班)；

H——时间定额，手工操作为主(工日/m^3、工日/m^2、工日/m、工日/t)或机械操作为主(台班/m^3、台班/t、台班/件)。

具体计算时，应注意下述问题。

- 建筑工程施工定额采用工程所在地的施工定额。
- 新技术、新材料、新工艺或特殊施工方法的项目，可参考类似项目定额确定。
- 当施工过程项目需要由几个不同的施工工序合并时，因定额不同，不能直接把工程量相加，而是将它们的劳动量或机械台班量(工日/台班)相加。或者也可采用综合定额，计算公式为

$$S=\frac{\sum Q_i}{\frac{Q_1}{S_1}+\frac{Q_2}{S_2}+\cdots+\frac{Q_n}{S_n}} \tag{7.2}$$

式中：S—— 综合产量定额；

Q_1、Q_2、…、Q_n—— 参加合并项目的各施工过程的工程量；

$\sum Q_i$—— 参加合并项目的各施工过程工程量的总和，$\sum Q_i=Q_1+Q_2+\cdots+Q_n$；

S_1、S_2、…、S_n—— 参加合并项目的各施工过程的产量定额。

⑤ 确定各施工过程的作业天数。

工作持续时间的计算方法有定额计算法和工期倒排计划法。

- 定额计算法。定额计算法的计算公式为

$$T=\frac{P}{R\times N} \tag{7.3}$$

式中：T——某手工操作或机械施工过程项目的持续时间(d)；

R——工作班组人数或机械台套数；

N——每天采用的工作班制(1～3 班)；

P——劳动量或台班量(工日/台班)。

已知劳动量 P，确定工作班组人数或机械台套数 R 和工作班制 N，则可计算工作持续时间 T。

工作班组人数的确定：一是要考虑最小劳动组合；二是必须要满足最小工作面等的影响。同理，确定机械台套数时也应考虑满足机械的最小工作面。

工作班制的确定：为考虑施工安全和降低施工费用，一般情况采用一班制施工，当工期较紧或工艺上要求(如混凝土的连续浇筑)时，可采取二班制甚至三班制施工。

- 工期倒排计划法。工期倒排计划法的计算公式为

$$R\times N=\frac{P}{T} \tag{7.4}$$

已知劳动量 P，根据工期要求确定各分部分项工程的持续时间 T，则可计算出 $R\times N$，再确定工作班制 N，计算工作班组人数或机械台套数 R。但此时为保证安全施工，必须核对 R 是否满足最小工作面。若不满足，则可通过改变 N 来调整 R，直至满意为止。

工作班制一般宜采用一班制，因其能利用自然光照，适宜于露天和空中交叉作业，有利于安全和工程质量。在特殊情况下可采用二班制或三班制作业以加快施工进度，充分利用施工机械。对某些必须连续施工的施工过程或由于工作面狭窄和工期限定等因素也可采用多班制作业。在安排每班劳动人数时，需考虑最小劳动组合、最小工作面和可供安排的人数。

(6) 列出任务表(见表 7.4)。

表 7.4　任务表

编号	工作名称	工程量	持续时间	计划开始时间	计划结束时间	紧前工作	紧后工作

(7) 根据任务表,利用进度计划软件绘制初步施工进度计划。

(8) 确定各项活动的时间参数,确定关键线路及工期。

(9) 在资源条件、工期、成本约束条件限制下,调整与优化施工进度计划。

(10) 绘制正式施工进度计划,贯彻实施。

在编制施工进度横道图时,只可能做到尽量组织流水施工,需要注意以下几点。

- 确定主要分部工程,确定其中的主要分项工程或施工过程的施工段数及持续时间,组织其连续、均衡地流水施工。其他次要的分项工程或施工过程能合并的尽量合并,并力求它们能与主导施工过程的施工段数及持续时间相吻合,然后再组织它们与主要分项工程或施工过程穿插、搭接或设置平衡区。
- 与主要分部工程的方法类似,组织其他各分部工程内部的分项工程或施工过程尽可能采用流水施工。
- 各分部工程之间按照施工程序和组织要求,将相邻分项工程按流水施工要求,尽量搭接起来初步形成完整的工程进度计划图。
- 初步流水施工的施工进度计划图出来以后,应与要求工期进行比较,若发现进度计划中的工期太长,超过了合同规定的要求工期,或发现工期太短,增加了施工费,都可通过调整人数、机械台套数或工作班制,重新计算各分部分项工程的持续时间。因为这是一项复杂的工作,并非能一次完成,故需综合考虑,经反复计算,直至满意为止。

无论是编制流水施工图还是网络进度计划图,步骤(1)～(6)是一样的,即在计算完各分部分项工程的持续时间后,如要编制流水进度计划,则按流水编制原则,将各分部分项工程最大限度地搭接起来;如要编制网络进度计划,则按网络计划绘制的规则,将各分部分项工程连接起来,并进行时间参数的计算,找到关键工序和关键线路。

7.5 编制软件操作简介

本节以品茗智绘进度计划软件为例,简单介绍进度计划编制操作。品茗智绘进度计划软件可以从品茗逗逗网(http://www.pmddw.com)下载并安装使用。如图 7.4 所示为软件界面总体介绍。

1. 新建工程

新建工程如图 7.5 所示。

2. 添加工作

软件提供的工作类别的简单介绍如图 7.6 所示。实工作既消耗时间也消耗资源;虚工作不消耗时间和资源,只表达工作之间的逻辑关系;挂起工作只消耗时间不消耗资源;辅助工作则为某项工作起辅助作用。

网络计划中的工作按照先后逻辑关系又可区分为紧后工作、紧前工作、平行工作、搭接工作,添加工作如图 7.7 所示。软件可实现添加紧后工作、紧前工作、平行工作、挂起工作、虚工作和辅助工作的各项功能。

3. 搭接工作(组件功能)

图 7.8 为组件功能,可实现搭接工作的操作。

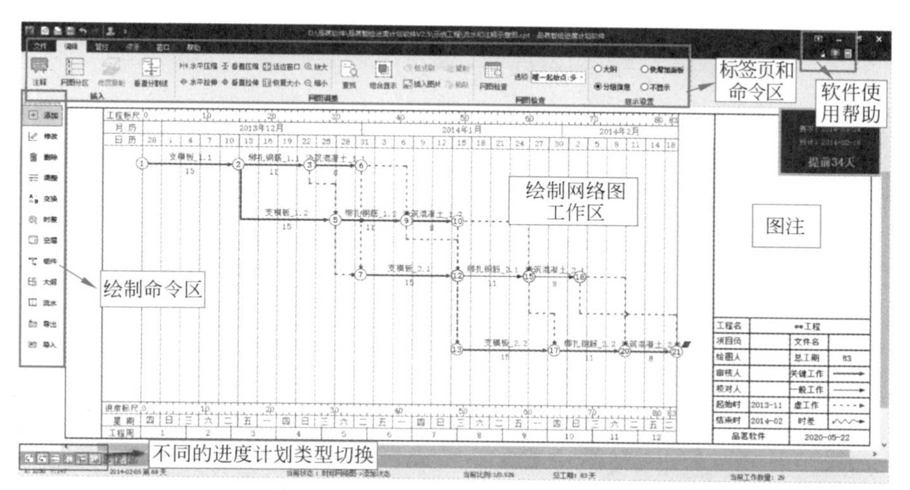

图 7.4　品茗智绘进度计划软件界面

教学视频：工程设置与界面简介

教学视频：任务添加与编辑

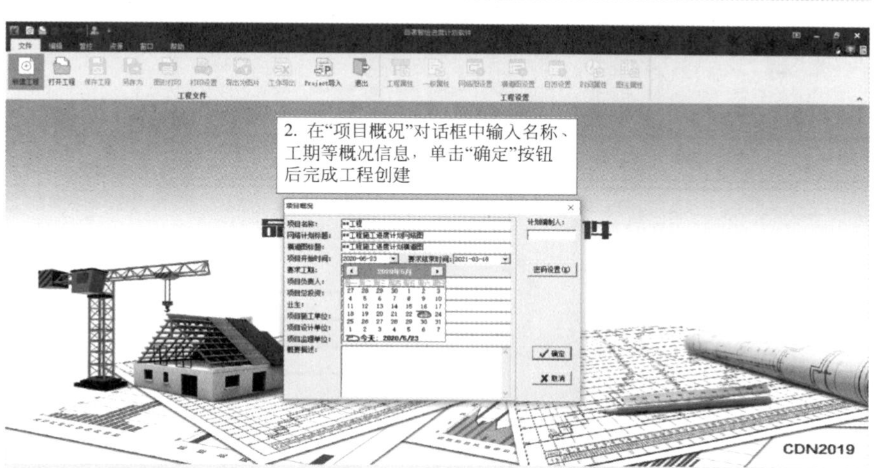

图 7.5　新建工程

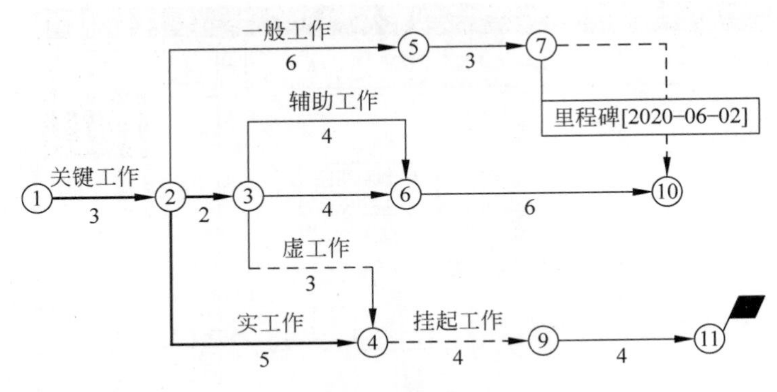

图 7.6　工作类别

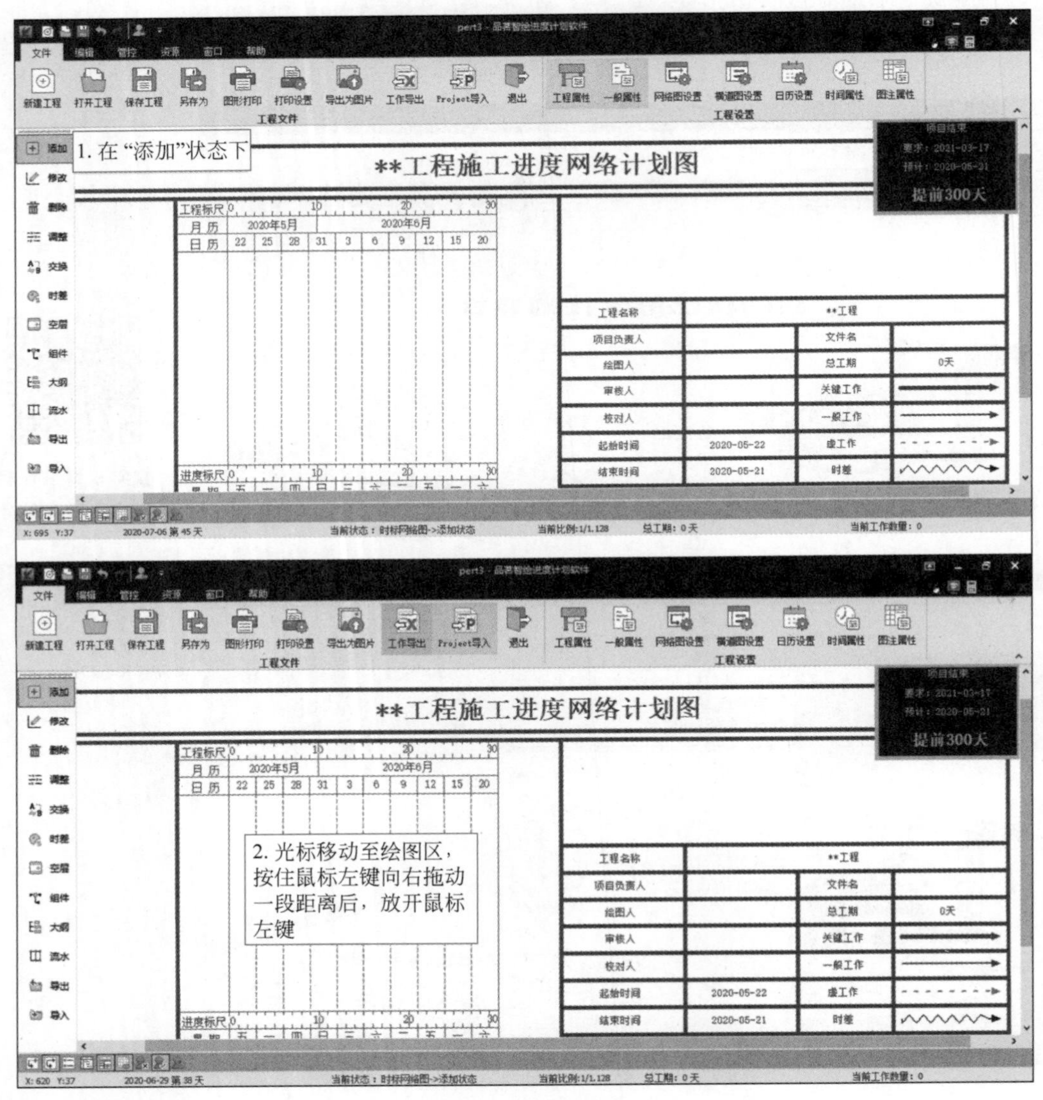

图 7.7　添加工作

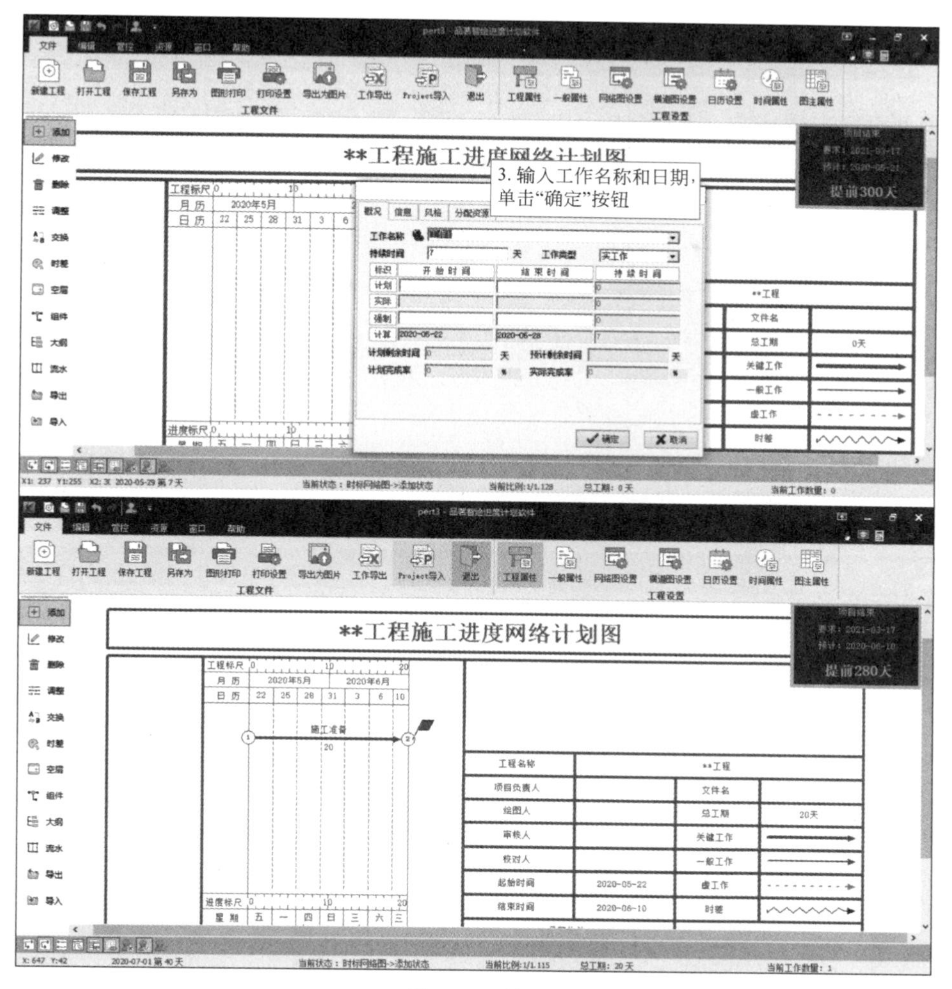

图 7.7(续)

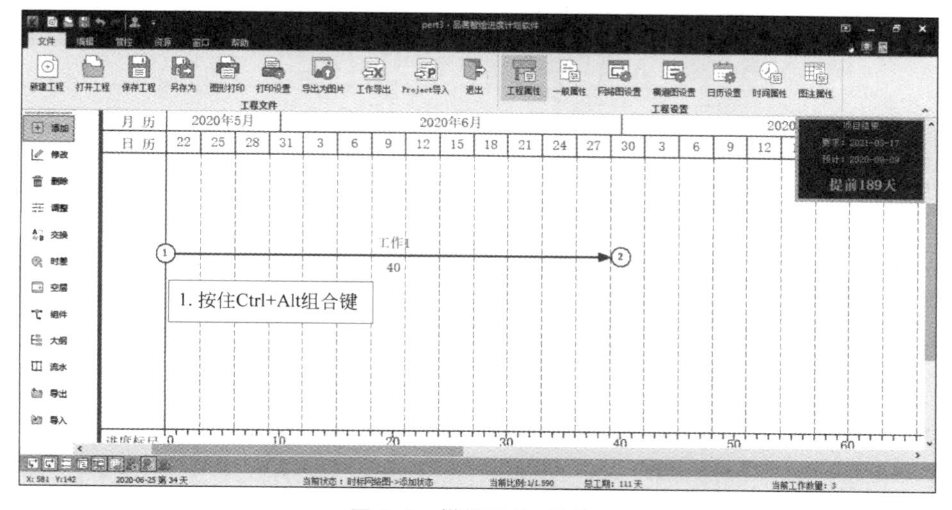

图 7.8 搭接工作(组件)

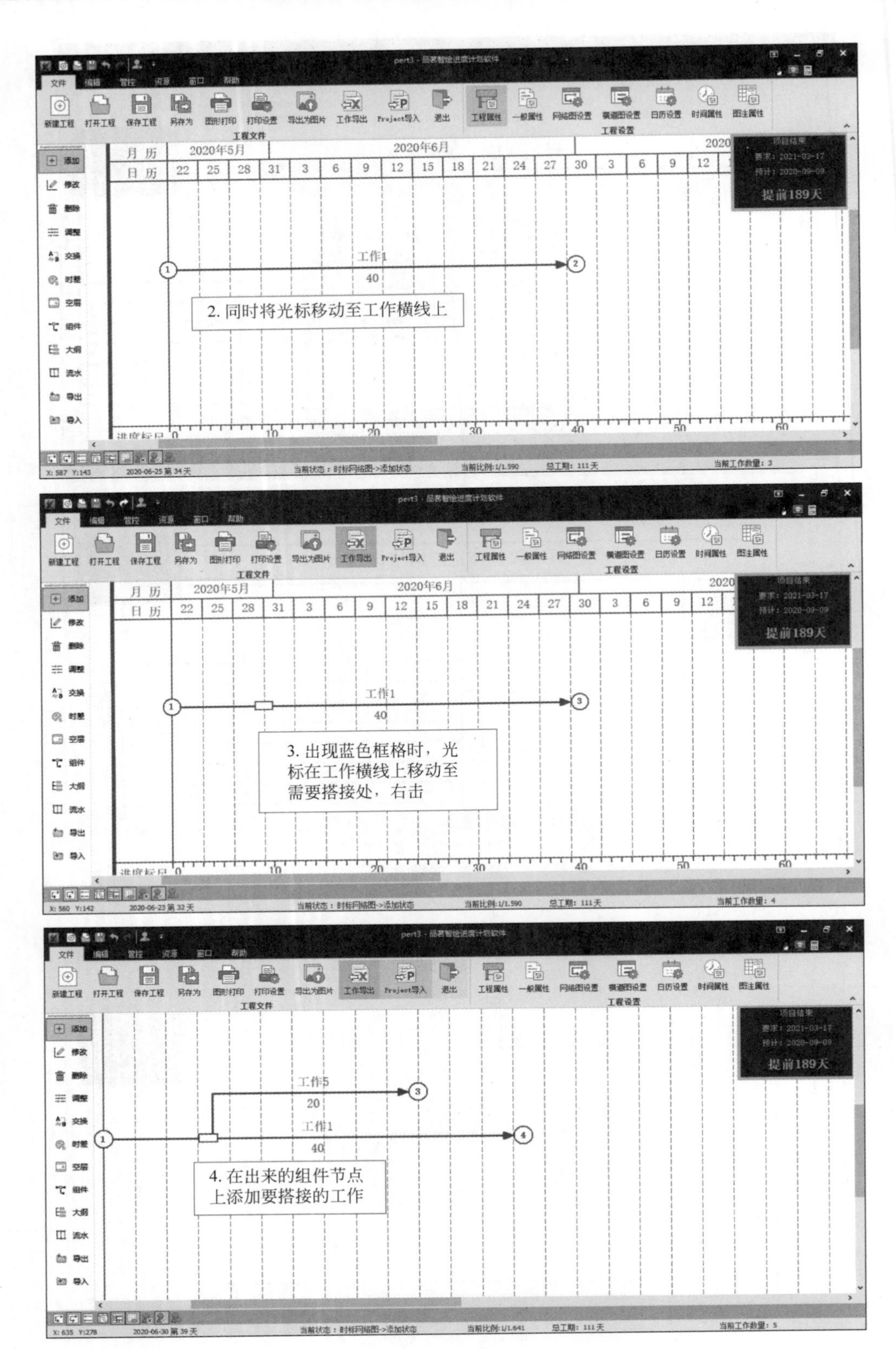
工作1
40
2. 同时将光标移动至工作横线上
工作1
40
3. 出现蓝色框格时，光标在工作横线上移动至需要搭接处，右击
工作5
20
工作1
40
4. 在出来的组件节点上添加要搭接的工作
提前189天

图　7.8(续)

4. 进度计划图的生成

软件还具有选中工作、取消工作、移动工作、修改工作、调整工作、交换工作、删除工作、断开逻辑关系、添加分区说明、添加注释文字说明、插入图片、假期设置、添加资源等功能，用户可以参考品茗逗逗网的软件学习视频(见图 7.4 中的软件使用帮助)。网络图完成后，可以利用编辑菜单栏下的命令进行编辑，例如网络图唯一的开始节点和结束节点、多余逻辑关系的检查等，最后生成网络图，如图 7.9 所示，也可以选择生成横道图，如图 7.10 所示。

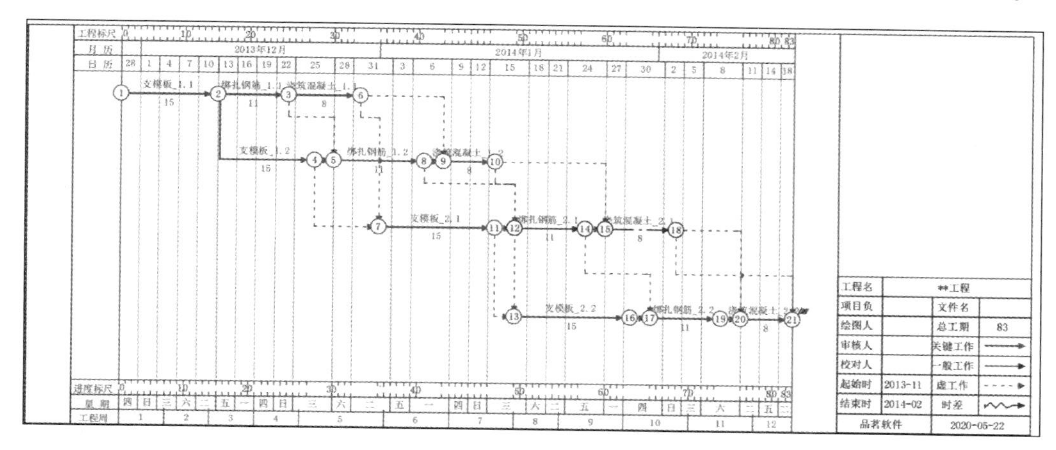

图 7.9 网络图生成示例

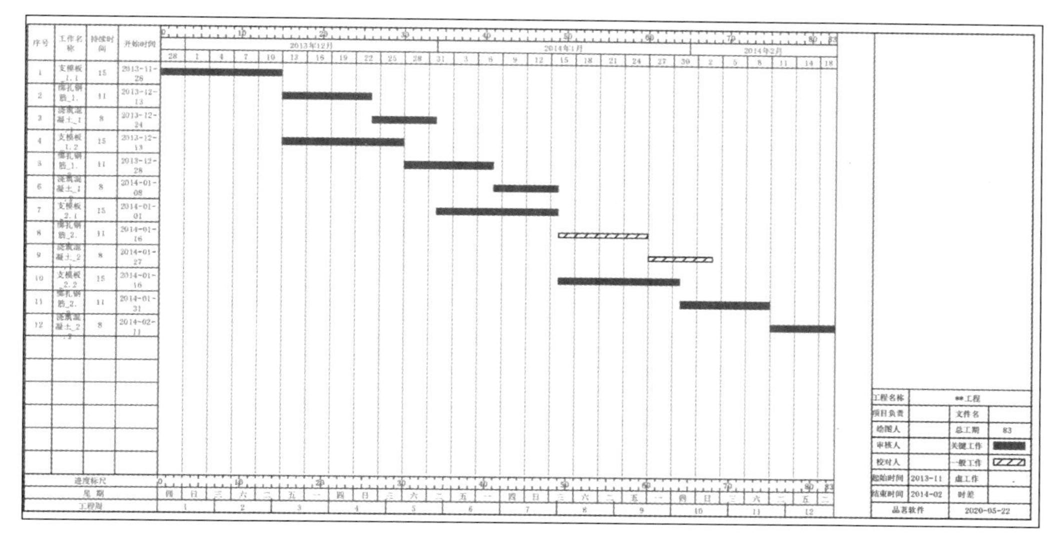

图 7.10 横道图生成示例

5. 网络图的打印

通过软件的功能设置可以调整节点大小、箭头形式、工作名称和持续时间位置，调整工作间的局部竖向间距(F7——增加间距、F8——减少间距)，让整个图面布置合理。利用编辑菜单下的命令进行图面的大小调整。最后设置好图注说明以及网络图尺寸(见图 7.11)，选择以网络图或者横道图的方式进行导出或者打印。

教学视频：日历与时间设置与网络图生成

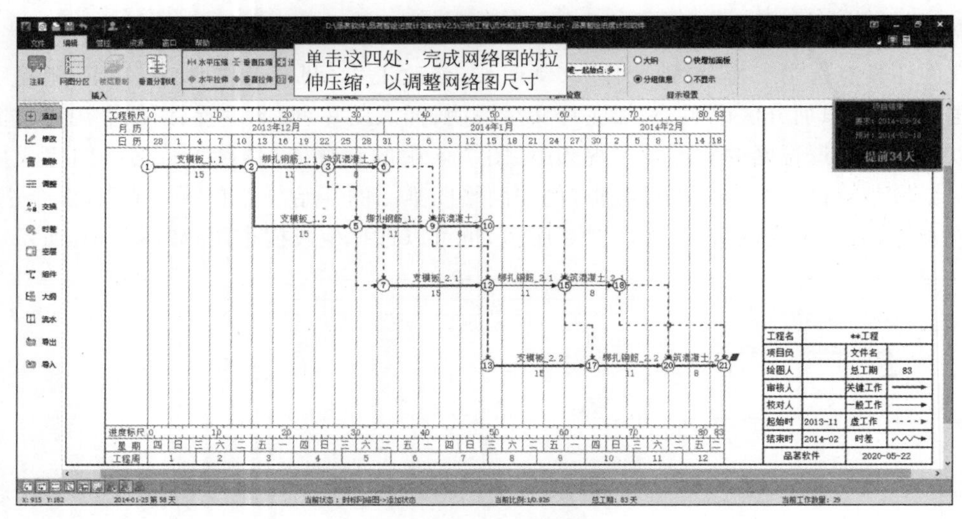

图 7.11　网络图打印

7.6　编制案例

7.6.1　现浇钢筋混凝土结构工程施工进度计划编制案例

1. 工程概况

某工程为现浇钢筋混凝土结构工程，建筑面积 48850m^2，地下 2 层，裙房 4 层，1＃办公楼 10 层，2＃综合楼 14 层，采用框架结构。基坑深度 10.15m，北部采用坡率为 1∶1 的大放坡开挖，护坡喷混凝土均为 C20，其余范围采用 SMW 工法桩结合一道 C30 钢筋混凝土水平内支撑的围护形式，电梯井深坑按 1∶1 放坡开挖，止水帷幕采用水泥搅拌桩，连续套打，沿基坑周边封闭。

施工总工期为 531 日历天，计划开工时间为 2013 年 12 月 20 日，计划竣工时间为 2015 年 6 月 3 日。

2. 施工进度计划编制

1）横道图进度计划

本工程的横道图进度计划请见“现浇钢筋混凝土结构工程的横道图进度计划”(见图 7.12)。

2）网络图进度计划

本工程的网络图进度计划请见“现浇钢筋混凝土结构工程的网络图进度计划”(见图 7.13)。

教学资料：现浇钢筋混凝土结构工程的横道图进度计划

教学资料：现浇钢筋混凝土结构工程的网络图进度计划

7.6.2　装配式钢筋混凝土结构工程施工进度计划编制案例

1. 工程概况

某工程为装配式钢筋混凝土结构工程，建筑高度 15.0m，1～3 层层高 3.6m，耐火等级一级，6 度抗震设防，三级抗震，建筑使用年限 50 年。工程为框架结构，地上 3 层，地下 1 层。主体结构(标准层)地上 3 层，叠合板厚度为 80mm。施工总工期为 186 日历天，计划开工时间为 2017 年 2 月 12 日，计划竣工时间为 2017 年 8 月 16 日。

2. 施工进度计划编制

1）横道图进度计划

本工程的横道图进度计划请见“装配式钢筋混凝土结构工程的横道图进度计划”(见图 7.14)。

2）网络图进度计划

本工程的网络图进度计划请见“装配式钢筋混凝土结构工程的网络图进度计划”(见图 7.15)。

教学资料：装配式钢筋混凝土结构工程的横道图进度计划

教学资料：装配式钢筋混凝土结构工程的网络图进度计划

练　习　题

1. 试述施工进度计划的作用。
2. 建筑工程施工进度计划编制需要哪些资料？
3. 建筑工程施工进度计划的编制原则是什么？
4. 了解建筑工程施工的基本作业方法有哪些？
5. 试述组织流水作业的前提条件，分析流水施工的主要参数。
6. 试述建筑工程施工进度计划的类型。
7. 列举施工进度计划的表现形式，并叙述其特点。
8. 试述建筑工程施工进度计划编制的步骤有哪些？

第8章 建筑工程施工组织设计案例实例

前述章节针对建筑工程施工组织设计的整体概貌、施工总平面图、危险性较大的分部分项工程的安全专项施工方案、施工进度计划进行了介绍和部分软件的操作演示，但尚未形成一个较为完整的施工组织设计；同时进行部分工程案例分析时，存在缺失部分工程概况介绍等内容，不利于施工方案等的拟订。因此，本章将针对常见的现浇钢筋混凝土结构及装配式结构工程的施工各介绍1个工程实例，对其工程概况进行简单介绍，并分析可能存在的疑难点(含危险性较大的分部分项工程安全专项施工方案等)，并最后给出一个可供参考的施工组织设计实例，以达成或初步实现施工组织设计总体训练的目的。

8.1 现浇混凝土结构工程施工组织设计案例实例

8.1.1 现浇混凝土结构工程案例概况

某现浇混凝土结构工程项目拟建建筑地下2层，地下建筑面积13372m^2；地上1～4层为裙楼，1层建筑面积为4780m^2；地上2～4层建筑面积约为13746m^2，功能主要为敞开式汽车库；地上5层及以上为南、北两幢高层，建筑面积16455m^2。其中南面的办公楼共10层，5层为体验馆，6～10层为安置用房；北面的综合楼共14层，5层为指挥中心，6～14层为安置用房。该工程的设计年限为50年，建筑类别为一类，建筑耐火等级为一级，±0.000绝对标高为6.100m(黄海高程)，地上建筑的防水等级为一级(倒置式屋面)，其防水层使用年限为20年，按3道防水设防。该工程结构设计简况如表8.1所示。

表8.1 工程结构设计简况

建筑项目名称	地下室	裙房	1#办公楼	2#综合楼
结构形式	框架结构	框架结构	大底盘双塔框架结构	
抗震等级	三级	三级	二级(3～6层塔楼周边的框架柱抗震等级为一级)	
抗震设防烈度	6度、7度			
结构安全等级	二级			
地基基础设计等级	甲级			
桩基设计等级	甲级(A700、A800混凝土灌注桩，桩身强度C40)			

续表

钢材	钢筋	HPB300、HRB335、HRB400、HRB400E；受力预埋件锚筋：HPB300 级、HRB335 级；吊环：HPB300 级
	钢板	受力预埋件的锚板、止水钢板采用 Q235B 级钢
	焊条	HPB300 级钢筋和 Q235B(C)钢采用 E43 系列；HRB335 级钢筋采用 E50 系列；HRB400 级钢筋采用 E55 系列
混凝土工程	强度等级	地下室底板、墙板：C40；柱：C30～C40、C50；梁板：C30、C35；构造柱、压顶梁、过梁、圈梁、栏板等：C20；垫层：C15
	抗渗等级	地下室底板：P8；地下室外墙、顶板、水池及屋面水箱：P6
砌体结构		±0.000 以下与土体或水接触的墙体，采用 MU20 烧结页岩多孔砖，M10 水泥砂浆砌筑；±0.000 以下地下室内部填充墙体，采用 MU15 烧结页岩多孔砖，M5 水泥砂浆砌筑；±0.000 以上外部填充墙体，采用 MU10 烧结页岩多孔砖，M5 混合砂浆砌筑；±0.000 以上内部填充墙体，采用 A5.0 的加气混凝土砌块，采用专用黏结剂砌筑；卫生间楼面标高 1.5m 范围内采用 MU10 烧结页岩多孔砖，M5 混合砂浆砌筑；卫生间楼面标高 1.5m 以上采用加气混凝土砌块和专用黏结剂砌筑

该项目的工程场地位于浙北平原，地貌单元属钱塘江冲积和滨海相沉积平原，地貌形态单一，地形较平坦开阔。局部由于长期受人类活动的影响，原始微地貌形态受到改造。场地西部现为某单位停车场以及篮球场地，中东部主要为临时活动房。项目的总平面图如图 8.1 所示，其地下室围护工程的平面图如图 8.2 所示。

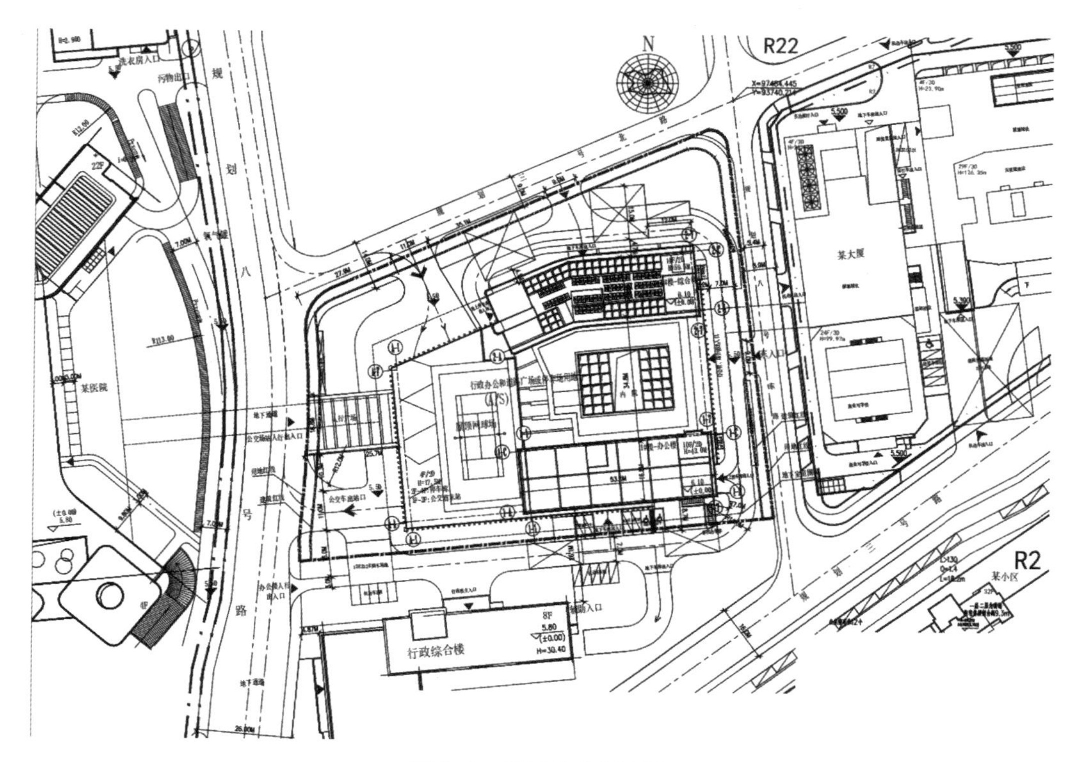

图 8.1 项目的总平面图

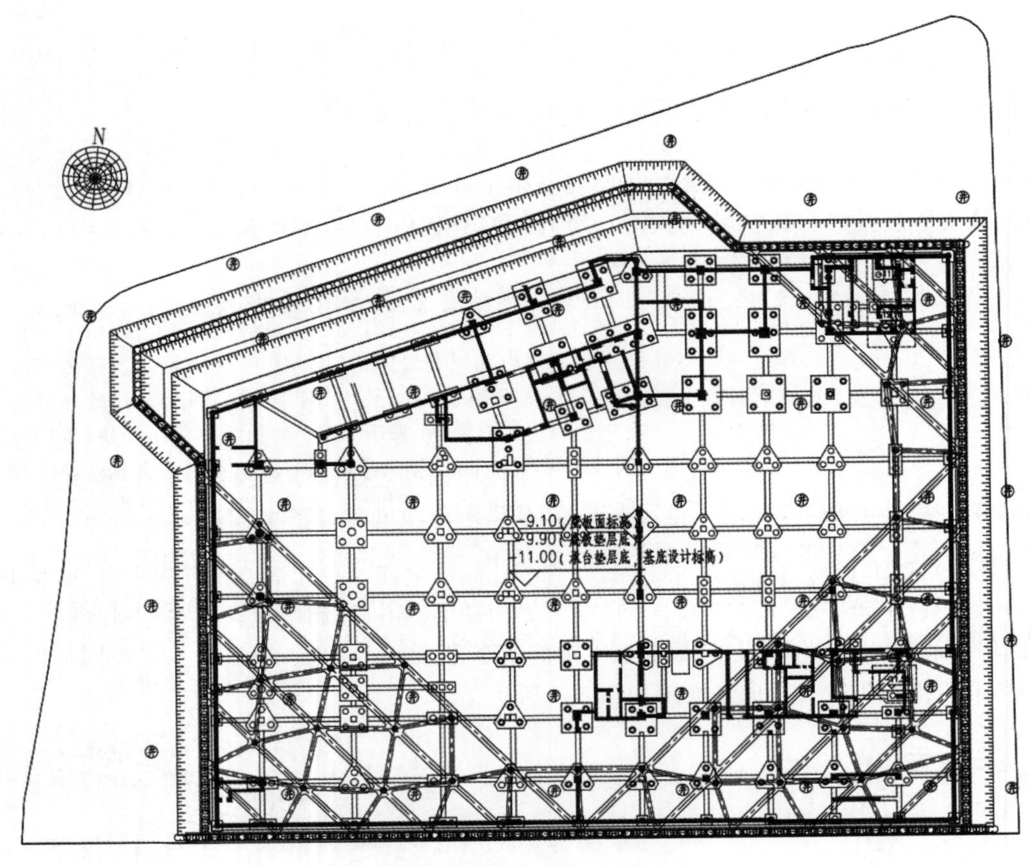

图 8.2　项目的地下室围护工程的平面图

教学资料：现浇混凝土结构工程的相关资料

教学资料：现浇混凝土结构工程基坑围护的相关资料

8.1.2　工程场地的土层构成、分布及评价简介

根据工程钻探取样描述、室内试验、标准贯入试验、剪切波速试验和重型动力触探成果，结合区域地质资料和岩土的成因类型，场地勘探深度范围内各地基土层的特征自上而下分别描述如下。

① 填土：杂色、灰黄色、灰色，松散。场地北侧主要为新近回填而成，以碎石、块石、碎砖块、混凝土块及少量生活垃圾、黏性土以及粉性土混填。底部以粉性土为主，含大量植物根茎和有机质。场地西侧顶部有厚约 10cm 的沥青混凝土。全场分布，层顶高程 4.26～5.2m，

层厚0.70～1.50m。

②-1 砂质粉土：灰黄色，稍密。含少量云母及氧化铁斑点，局部为黏质粉土，夹少量黏性土薄层。摇振反应迅速，干强度低，韧性低，无光泽。全场分布，层顶高程3.13～4.17m，层厚1.30～2.40m。

②-2 砂质粉土：灰色，稍密，局部中密。含云母碎片，局部为黏质粉土，局部粉砂含量较高。摇振反应迅速，干强度低，韧性低，无光泽。全场分布，层顶高程1.16～2.30m，层厚5.70～7.00m。

②-3 砂质粉土：灰色，中密，局部稍密。含云母碎片，局部为黏质粉土，含少量黏性土薄层，摇振反应迅速，干强度低，韧性低，无光泽。全场分布，层顶高程－5.14～－3.88m，层厚7.80～11.00m。

②-4 砂质粉土夹粉质黏土：灰色，稍密，局部中密，含云母碎片。局部为黏质粉土，具层理状，夹软塑～流塑状黏性土薄层摇振反应缓慢，干强度低，韧性低，无光泽。全场分布，层顶高程－1576～－12.33m，层厚10.60～16.90m。

③ 粉质黏土：灰色，软塑～软可塑，稍有光泽，干强度中等，韧性中等，无摇振反应。含少量腐殖质，局部夹薄层粉土局部缺失，层顶高程－30.24～－26.65m，层厚0.00～7.20m。

④-1 粉质黏土：青灰色、灰黄色、浅灰色，硬可塑，局部软可塑。含铁锰质斑点和钙质结核，局部为黏土。局部粉土含量较高。稍有光泽，韧性中等，干强度中等，无摇振反应。局部分布，层顶高程－34.76～－25.57m，层厚0.00～7.80m。

④-2 含碎石粉质黏土：灰黄色、青灰色，硬可塑～硬塑。含碎石10%～60%，砾径1～3cm，个别达7cm以上，由黏性土及中粗砂充填，局部以含砾中粗砂为主。局部分布，层顶高程－36.04～－31.30m，层厚0.00～5.30m。

④-3 黏土：黄褐色、青灰色，硬塑，局部硬可塑。含少量铁锰质斑点和高岭斑团，局部为粉质黏土。局部混少量粉土和粉砂薄层。稍有光泽，干强度中等，韧性中等，无摇振反应。全场分布，层顶高程－39.24～－33.58m，层厚1.70～8.90m。

⑥-1 全风化含砾砂岩：紫红色、灰黄色、青灰色，硬可塑～硬塑，岩石结构基本破坏，但尚可辨认，已风化成砂状、土状，局部见未风化完全的砾石，有残余结构强度。局部分布，层顶高程－42.93～－37.03m，厚度1.20～6.50m。

⑥-2 强风化含砾砂岩：棕红色、紫红色，结构大部分破坏，矿物成分显著变化，岩芯已大部分风化成砾砂状，夹原岩碎块，多呈短柱状、碎块状。全场分布，层顶高程－47.23～－42.12m，厚度5.30～13.20m。

⑥-3 中风化含砾砂岩：棕红色、紫红色，泥质结构，层状构造。局部为泥质粉砂岩和角砾岩。角砾为青灰色、灰黄色、灰色，母岩成分多为硬质岩，直径0.2～2cm，最大粒径大于5cm，抗风化能力较好，强度高。节理裂隙较发育，裂隙面见铁锰质，节理以闭合为主。岩芯呈短柱状～柱状，锤击易碎，击声哑。岩体较完整，局部较破碎，有回弹，属极软岩，岩体基本质量等级为Ⅴ级。全场分布，层顶高程－57.70～－51.51m。

该工程场地地基土的分析与评价如下。

① 填土：该层土成分与密实程度极不均匀，强度低，不宜利用。

②-1 砂质粉土：稍密，强度较低，中压缩性，工程力学性质较差。仅可作为轻型建筑的浅基础持力层。

②-2 砂质粉土：稍密，局部中密，强度一般，中压缩性，工程力学性质较好。分布稳定处可作为短桩的桩端持力层。

②-3 砂质粉土：中密，局部稍密，强度较高，中压缩性，工程力学性质较好。分布稳定处可作为短桩的桩端持力层。

②-4 砂质粉土夹粉质黏土：稍密，局部中密，层间夹软塑～流塑状粉质黏土，强度一般，中高压缩性，工程力学性质差异性较大。

③ 粉质黏土：软塑～软可塑，强度低，中高压缩性，工程力学性质差。

④-1 粉质黏土：硬可塑，局部软可塑，中压缩性，工程力学性质较好。层厚较小，仅局部分布。

④-2 含碎石粉质黏土：硬塑，局部硬可塑，强度高，中低压缩性，工程力学性质好，但分布不稳定，层厚较。

④-3 黏土：硬可塑，局部软可塑，中等压缩性，工程力学性质好。可作为桩端持力层。

⑥-1 全风化含砾砂岩：强度高，中低压缩性，工程力学性质好。可作为桩端持力层，但厚度起伏较大。

⑥-2 强风化含砾砂岩：强度高，低压缩性，工程力学性质好。可作为本工程的桩端持力层。

⑥-3 中风化含砾砂岩：强度高，低压缩性，工程力学性质好。是本工程良好的桩端持力层。场地上部地层分布较均匀，场地中部和下部地层略有起伏，下部基岩的岩性有变化。各层土体的力学性质指标如表 8.2 所示。

拟建建筑物荷载较大，基础形式宜用桩基础，可选的桩型有预制桩和钻孔灌注桩。预制桩具有单位面积的承载力高，性价比高，工期短等优点，但挤土效应明显。本工程高层建筑荷载很大，如②层砂质粉土作为桩端持力层使用，单桩承载力较小，布桩系数大，无法满足设计要求，挤土效应明显。如果高层部分采用预制桩(预应力管桩)，应选用④-3 黏土、⑥-1 全风化含砾砂岩和⑥-2 强风化含砾砂岩层作为桩端持力层，但穿越上部粉土以及④-2 含碎石粉质黏土沉桩难度较大，且预制桩挤土效应明显，对周边道路、管线及已有建筑物不利。

钻孔灌注桩对地层的适应性强，但是由于本场地粉土层厚度较大，②砂质粉土为稍密～中密状，容易坍孔，并且孔底沉渣清理难度较大，需采用泥浆护壁，确保成孔质量。另外，钻孔灌注桩会产生大量的泥浆，对环境的污染较大。

综合考虑，本工程拟建的 10 层办公楼、1 层综合楼、4 层裙房建议采用钻孔灌注桩。纯地下室部分，考虑到抗浮设计整体性的需要，也建议采用钻孔灌注桩。

采用钻孔灌注桩，以 Z5、Z11 和 Z25 号孔为例估算，按《建筑桩基技术规范》建议公式估算的钻孔灌注桩单桩竖向承载力特征值如表 8.3 所示。

表 8.2 各层土体的物理力学指标表

层序	岩土名称	含水量	土的重度	孔隙比	土的比重	液限	塑限	塑性指数	液性指数	压缩系数	固快法		垂直渗透系数	原位测试		建议值					
											黏聚力	内摩擦角		标准贯入击数	重型动探击数	压缩模量	地基承载力特征值	预制桩特征值		钻孔灌注桩特征值	
																		桩侧阻力	桩端阻力	桩侧阻力	桩端阻力
		ω_0 /%	γ /kN·m^{-3}	e_0/%	G_s	ω_1/%	ω_p/%	I_p	I_l	α_{1-2} /MPa^{-1}	c/kPa	ϕ/°		N/(击/30cm)	$N_{63.5}$/(击/10cm)	E_s /MPa	f_{ak} /kPa	q_{sa} /kPa	q_{pa} /kPa	q_{sa} /kPa	q_{pa} /kPa
①	填土																				
②-1	砂质粉土	29.8	18.69	0.832	2.69					0.20	9.1	30.4	2.6E-04	11.3		7.0	120	13		11	
②-2	砂质粉土	27.5	19.09	0.762	2.69					0.20	9.7	31.0	3.3E-04	11.7		9.0	140	20		16	
②-3	砂质粉土	27.8	18.91	0.782	2.69					0.20	10.0	30.7	3.6E-04	13.1		10.0	160	25		20	
②-4	砂质粉土夹粉质黏土	29.4	18.37	0.863	2.70	31.8	21.3	10.5	0.9	0.24	8.2	27.9		10.0		8.0	130	22		18	
③	粉质黏土	34.3	18.55	0.945	2.74	38.5	21.8	16.7	0.76	0.43	18.0	12.4		5.0		4.0	100	15		12	
④-1	粉质黏土	25.8	19.49	0.726	2.73	33.5	19.2	14.3	0.48	0.25	33.8	16.8		16.0		9.0	180	32	1500	25	
④-2	含碎石粉质黏土														12.1	15.0	220	45	2400	35	
④-3	黏土	27.8	19.44	0.769	2.74	42.7	23.2	19.5	0.23	0.22	31.2	17.3		20.7		12.0	200	40	1800	32	1200
⑥-1	全风化含砾砂岩	24.0	19.70	0.696	2.75	39.0	19.7	19.3	0.23	0.22	32.2	18.4			18.5	15.0	250			35	1500
⑥-2	强风化含砾砂岩														34.7	20.0	500			50	2000
⑥-3	中风化含砾砂岩															40.0	1000			90	2800

表 8.3　估算的钻孔灌注桩单桩竖向承载力特征值

孔号	桩　型	桩径/mm	有效桩长/m	桩端持力层	桩端进入持力层深度/m	单桩竖向承载力特征值/kN
Z5	钻孔灌注桩	ϕ700	51.0	⑥-3	1.00	4361
	钻孔灌注桩	ϕ800	51.0	⑥-3	1.00	5159
	钻孔灌注桩	ϕ1000	51.0	⑥-3	1.00	6889
Z11	钻孔灌注桩	ϕ700	51.3	⑥-3	1.00	4485
	钻孔灌注桩	ϕ800	51.3	⑥-3	1.00	5301
	钻孔灌注桩	ϕ1000	51.3	⑥-3	1.00	7066
Z25	钻孔灌注桩	ϕ700	47.5	⑥-3	1.00	4010
	钻孔灌注桩	ϕ800	47.5	⑥-3	1.00	4759
	钻孔灌注桩	ϕ1000	47.5	⑥-3	1.00	6388

8.1.3　现浇混凝土结构工程案例施工疑难点分析

该工程的施工空间相对紧张，且要保证工程施工的质量和安全的同时还需满足施工顺序、施工进度等要求，因此需综合分析该工程的施工疑难点和危险性较大的分部分项工程，以便有针对性地进行施工方案的编制和施工组织。

1. 基坑围护相关的施工分析

工程有 2 层地下室，工程所处位置相对较为复杂，地下室底板所处位置较深，需进行深基坑围护及土方施工，其具有相对较强的复杂性。同时，所处土层土体具有一定的渗透性，基坑施工过程中应进行适当的降水。应在深基坑设计的基础上，选择合适的施工方法及施工流程。在施工降水中，为基坑开挖提供"无水"作业条件是工程的一大难点，应认真研究场地内的地质、水文情况，进行合理的降水方案设计。降水方案设计是要根据情况选择合适的降水方法来制定合理的流程。同时深基坑开挖过程中，保证深基坑正常开挖及在加载、卸载过程中围护结构的受力符合设计。设立监测体系，建立信息反馈系统，在开挖过程中对支撑体系的稳定性、地表沉降、深层土体水平位移、水位变化进行监测，并派专人做好观测记录，出现异常应立即处理。根据中华人民共和国住房和城乡建设部的住建部令 2018 年 37 号(替代建办质[2009]87 号)，需在深基坑工程施工前编撰安全专项施工方案和降水专项施工方案，并经过专家论证通过后方可进行施工。

2. 混凝土结构重点部位

混凝土结构重点部位施工存在的疑难点为高强混凝土配制与浇捣控制技术、现浇楼板防裂以及柱墙和梁节点不同混凝土级配配合。

1）高强混凝土的配制与浇捣控制技术

高强混凝土因早期强度增长快、水灰比小、水泥用量高，容易造成坍落度过小，进而导致拆模后表面易出现裂缝、浇捣时采用泵送易产生堵管等问题。故从混凝土原材料选择、配合比确定，厂家配料生产到现场泵送浇捣、养护等一系列过程均严格控制、科学施工。

2）现浇楼板防裂

针对楼板混凝土开裂的因素，在施工中采取以下一些预防措施和控制办法：①抓好混凝土原材料质量和混凝土配合比设计；②加强施工操作控制，提高混凝土抗拉强度；③采用二次抹压技术，增加混凝土密实度；④加强混凝土的养护；⑤严禁出现楼板贯通缝，在混凝土强度未达到1.2MPa时不准上人施工。

3）梁节点不同的混凝土级配

施工突出表现在同次混凝土浇捣中柱和梁板的混凝土强度等级不同，如将柱在梁板厚度处的混凝土强度等级与梁板统一，对施工固然方便，却形成了柱竖向构件的薄弱部位。混凝土浇捣中，梁板混凝土流入柱节点中同样也对结构不利，因此应当另行采取专门措施。扎筋时柱周边0.5m处设置钢丝网。配合比设计中梁柱节点混凝土中考虑掺加缓凝剂，以避免出现冷缝。混凝土浇筑时先行浇筑梁柱节点，再浇筑周边梁板。同时要注意浇筑顺序和间隔时间，保证梁板与梁柱节点混凝土的良好结合。

3. 超限结构模板支架施工

本工程的部分结构模板支架符合中华人民共和国住房和城乡建设部的住建部令2018年37号(替代建办质[2009]87号)中的超过一定规模的危险性较大的分部分项工程和浙建建[2003]37号文件《关于加强承重支撑架施工管理的暂行规定》中“凡高度超过8米、或跨度超过18米、或施工总荷载大于10kN/m^2、或集中线荷载大于15kN/m的承重支撑架，严禁使用扣件式钢管支撑体系，应采用钢柱、钢托架或钢管门型架的组合支撑体系，以保证其有足够的强度、刚度和稳定性”的范围，应专门编撰安全专项施工方案，并应在专家论证通过后，方可进行按专项方案进行施工。

4. 其他的危险性较大分部分项工程施工

该工程建筑物高度不一，施工用的外脚手架可根据建筑高度进行选择，可采用落地式钢管脚手架工程或悬挑式脚手架工程，若符合中华人民共和国住房和城乡建设部的住建部令2018年37号(替代建办质[2009]87号)中的要求，则应专门编撰安全专项施工方案，并应在专家论证通过后方可进行施工。

本工程中水平运输等拟采用塔式起重机，因工程所处位置的地质情况较差，浅基础难以满足塔式起重机的承载变形要求，需对塔式起重机基础进行专门的计算，并对塔式起重机装拆的施工工序、质量、安全等进行要求，应编制相应的安全专项施工方案。当然还可能涉及其他的危险性较大分部分项工程，施工前也需进行编制专项施工方案。

8.1.4 现浇混凝土结构工程施工组织设计案例

现浇混凝土结构工程施工组织设计的案例及相关资料请参见“现浇混凝土结构工程施工组织设计实例”。

教学资料：现浇混凝土结构工程施工组织设计实例

8.2 装配式混凝土结构工程施工组织设计案例实例

8.2.1 装配式混凝土结构工程案例概况

某装配式混凝土工程，主要由一幢1～3层建筑(局部设1层地下室)及一栋单层传达室组成。总用地面积 7299m²,建筑面积 6116.38m²,其中 1～3 层建筑的建筑面积 5537.19m²,高度 12.45m,传达室建筑面积 40.78m²,高度 3.6m,地下室面积 538.41m²。停车数量:机动车 43 辆,非机动车 98 辆。建筑结构形式为钢筋混凝土框架结构,建筑结构的类别为 3 类,设计使用年限为 50 年,抗震设防烈度为 7 度;防火设计的建筑分类为多层建筑;其耐火等级为地上二级。本工程±0.000 相当于绝对标高 6.250m。工程地下室施工平面布置图如图 8.3 所示。

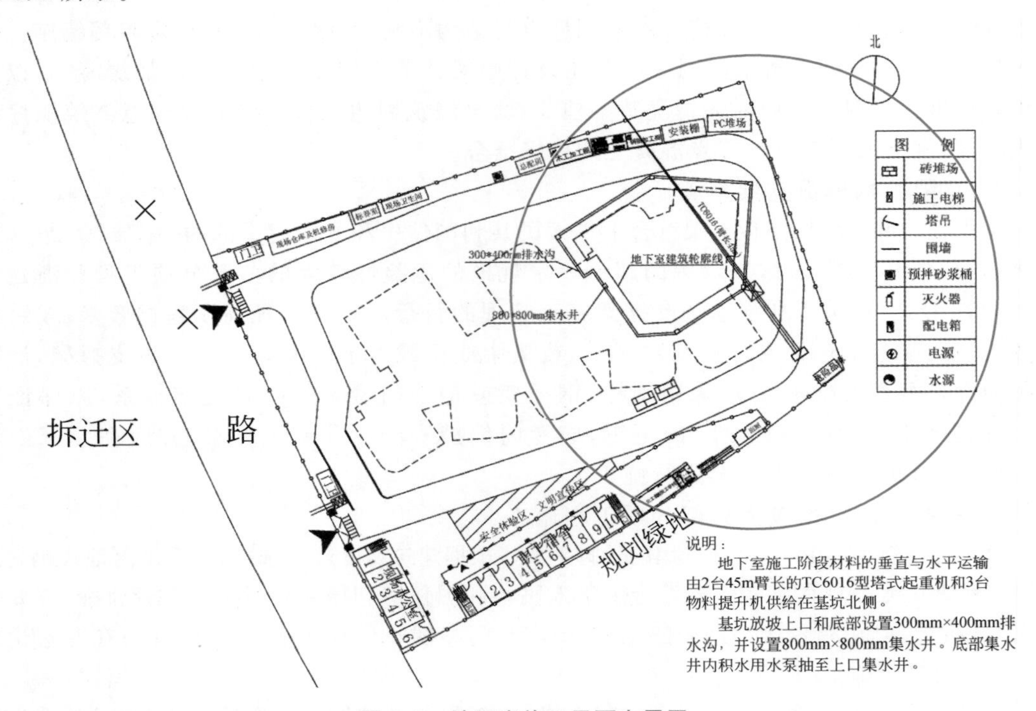

图 8.3 地下室施工平面布置图

8.2.2 装配式混凝土结构工程建筑工业化施工方案

该项目采用预制外墙板、叠合梁板、预制楼梯等 PC 构件,单个构件重量较大,对于塔式起重机的吊装能力要求高,吊装难度大;对于装配式构件的吊装、定位、安装、节点施工及防水处理等施工工艺要求高。装配式工程作为一种新型的结构形式,对于现场施工部署、施工方式、作业环境等提出了更高的要求。所以在编制装配式混凝土工程施工组织设计时,除 8.1 节包含的施工方案内容外,还需包含建筑工业化施工方案。

1. 本项目的装配式构件种类分析

本项目预制构件包括幼儿园 PC 叠合梁、PC 叠合楼板(板厚 70mm)、PC 普通外墙板(墙厚 60mm+50mm+50mm)、PC 普通外墙板(墙厚 100mm)、PC 普通外墙板(高度>1.2m 栏板,墙厚 160mm)、PC 楼梯(直行梯段)、PC 楼梯(平台板)、PC 女儿墙(厚 160mm);传达室 PC 整体楼板(板厚 140mm)、PC 普通外墙板(墙厚 60mm+50mm+120mm)、PC 女儿墙(厚 60mm+50mm+120mm)。

2. 装配式工程施工的前期准备

装配式工程工业化施工准备包括技术准备、物资准备、劳动组织准备等。技术准备是施工准备的核心，如运用 BIM 技术对工程项目进行三维建模，结合 PC 模型进行预拼装模拟，找出与结构之间的碰撞问题，进行分析与深化设计，为后期顺利吊装提供保障。编制施工组织设计、进行图纸会审、针对预制构件加工拼装的技术交底等都属于技术准备的内容。

装配式工程在施工前同时要将关于 PC 结构施工的物资准备好，以免在施工的过程中因为物资问题而影响施工进度和质量。通常需要根据施工预算、分部分项工程施工方法和施工进度的安排，拟订材料，统配材料、地方材料、构（配）件及制品、施工机械和工艺设备等物资的需要量计划；根据各种物资的需要量计划，组织货源，确定加工、供应地点和供应方式，签订物资供应合同；根据各种物资的需要量计划和合同，拟订运输计划和运输方案；按照施工总平面图的要求，组织物资按计划时间进场，在指定地点，按规定方式进行储存或堆放。

在装配项目开工前需做好劳动力准备，建立拟建工程项目的领导机构，建立精干有经验的施工队组，集结施工力量，组织劳动力进场，做好向施工队组、工人进行施工技术交底，同时建立健全各项管理制度。根据 PC 图纸设计要求及经验，结合本项目 PC 结构体复杂、质量大和施工复杂的情况，项目部需成立 PC 结构施工小组，将配备有 PC 结构施工经验的班组进行施工。

3. 装配式工程工艺流程

装配式工程的工艺流程如图 8.4 所示。

4. 装配式工程现场施工要求

装配式工程现场施工时，对 PC 构件的进场、存放、吊装等工序进行施工专项措施管理。

1）PC 墙竖向连接钢筋的预埋、定位及保护专项措施

在基础或现浇楼面结构混凝土浇筑前，需严格按设计图纸、进行 PC 墙竖向连接钢筋的预埋，确保连接钢筋的规格、直径、间距、锚固长度、外伸长度等满足设计要求。进行预埋连接钢筋时，宜采取“定位铁板＋套管”的固定、定位措施，确保连接钢筋位置准确、上下垂直、外露长度准确，防止混凝土浇筑时引起连接钢筋偏位或掉落，确保上层 PC 柱墙等吊装顺利、位置正确。对外露的竖向连接钢筋，采取套 PVC 管的包裹措施，防止混凝土浇筑时的水泥浆污染。

2）PC 构件工厂预制配合及进场检查

PC 构件进场时，安排技术、质量等人员，对构件的预埋件、外观、尺寸等进行验收，需严格执行设计图纸、招标文件中对预制构件的验收标准。

3）PC 构件存放

各类 PC 构件严格按现场划定的区域进行分类堆放，设置醒目的标识牌。

（1）PC 墙板采取垂直放置：由型钢制作的倒“Π”形竖向插板架，进行 PC 墙板的架空、竖向放置。

（2）PC 梁、板（楼梯板等）采取平放，叠合板、楼梯等可采取叠放。采取垫木架空放置，底层垫木采取通长设置；叠放层数不得超过 4 层，且上、下层的垫木支点位置应一致。

4）PC 构件吊装

PC 构件在吊装前需要对结构轴线及房间几何尺寸、方正度进行验收，如果是 PC 墙板

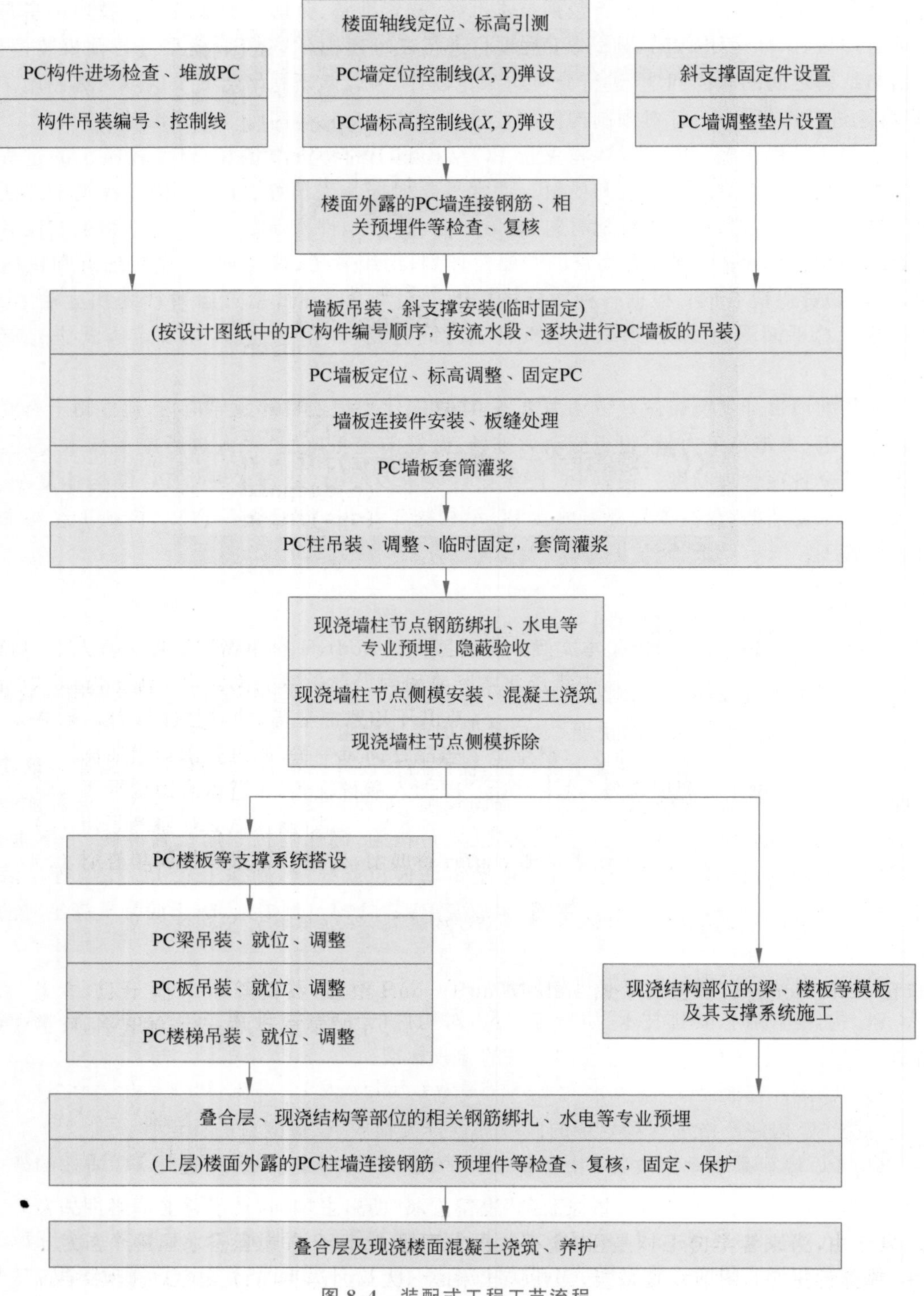

图 8.4 装配式工程工艺流程

还需对竖向连接钢筋进行检查验收。各类PC构件吊装的流程及操作要点如表8.4～表8.6所示。

(1) PC墙板吊装的操作流程与要点，如表8.4所示。

表8.4 PC墙板吊装

操作流程	操作要点
PC墙板底部垫板设置、找平	1. 对PC墙板底部设置经找平的调标高垫板，初步控制PC墙板标高。 2. 采取预埋套筒、设置螺栓的方法，精准调整PC墙板的标高
PC墙板起吊	1. 吊装顺序：按设计图纸中的PC构件编号顺序，按流水段、逐块进行PC墙板的吊装。 2. 起吊前检查：①按吊装顺序对PC墙板进行编号、核对，并对PC墙板的外观、吊点等进行检查。②塔式起重机、吊具、溜绳等安全检查。 3. 起吊工艺：①采取“可调式型钢扁担、钢丝绳、吊具”的两点式均衡起吊工艺。②采取“慢起、快升、缓放”的操作方式。 4. 吊点位置：按设计图纸要求。 5. 采取“系挂溜绳(缆风绳)”的措施，人工控制构件的移动、转动，确保构件平稳、安全就位
PC墙板初步就位、临时固定	1. PC墙板初步就位后，采取内侧斜支撑、对构件进行临时固定。 2. 当PC墙板可靠连接、临时稳固后，方可脱钩、松钢丝绳、卸吊具
PC墙板精准调整、校正	采取“*XYZ*空间三向与垂直度”的校正方式，对PC墙板进行精准调整、校正，具体操作如下。 1. *X*向：依据楼面弹设的左右位置线，采用小型千斤顶进行调整。 2. *Y*向：依据楼面弹设的内外位置线，直尺测量间距、采用小型千斤顶进行调整。 3. *Z*向：依据PC墙板内侧弹设的1m标高线，采取水准仪测量控制、旋转构件底部的可调螺栓丝扣(或使用钩式千斤顶)，方便地进行构件标高的精准调整。避免采用撬棒造成PC墙板边缘的破坏。 4. 垂直度：采用垂直靠尺或吊线锤测量墙板的垂直度，采取旋转内侧斜支撑的可调节螺杆进行调整。若设有两根斜支撑时，严禁一根在紧固状态下调动另一根，避免PC墙板内部产生应力造成损伤
PC墙板固定	1. 待PC墙板精准调整、校正完毕后，循环、对称、均匀地紧固各处连接件、斜支撑，对PC墙板进行固定。 2. 并对PC墙板的定位、标高再进行一次测量、复核。 3. 内侧临时斜支撑、连接件等，应在现浇混凝土强度达到设计要求后方可拆除
PC墙板连接件设置及板缝处理	1. 按设计图纸要求，进行PC墙板连接件设置、板缝处理。 2. 墙板间的连接件应紧固到位、不可虚松

(2) PC楼板吊装操作流程与要点，如表8.5所示。

表8.5 PC楼板吊装

操作流程	操作要点
PC梁板底部支撑系统搭设	1. 梁、楼板等底部支撑系统，采取扣件式钢管排架，并连成整体。 2. 钢管立杆的顶部设置可调节U形托，用于梁板的调平。 3. 钢管排架支撑系统，应经安全验算。 4. 钢管排架支撑系统，应待叠合层现浇混凝土强度达到100%设计强度，形成完整的梁板后，方可拆除

续表

操作流程	操 作 要 点
PC梁板起吊	1. 吊装顺序：按设计图纸中的PC构件编号顺序，按流水段、逐块地先完成PC梁的吊装，后进行PC板等的吊装。 2. 按吊装顺序对PC构件进行编号、核对以及外观、吊点等进行检查。 3. 起吊工艺：(构件吊点位置：按设计图纸要求) (1) PC板采取“型钢扁担、钢丝绳、吊具”的四点式均衡起吊工艺。 (2) 采取“慢起、快升、缓放”的操作方式。 4. 采取“系挂溜绳(缆风绳)”的措施，人工控制构件的移动、转动，确保构件平稳、安全就位
PC梁板调平、校正	1. 按弹设的定位控制线，辅助以手动葫芦等工具，进行梁板的准确就位。 2. 通过钢管立杆顶部的可调节U形托，采取水准仪测量控制，进行梁板的标高、平整度等调平、校正

(3) PC楼梯吊装操作流程与要点，如表8.6所示。

表8.6 PC楼梯吊装

操作流程	操 作 要 点
PC楼梯板安装位置线弹设	1. 在楼梯平台上画出PC楼梯板安装位置线。 2. 在墙面上画出标高控制线。
PC楼梯板起吊	1. 对PC楼梯板的外观、吊点等进行检查。 2. 塔式起重机、吊具、溜绳等安全检查。 3. 吊装工艺： (1) 采取“型钢扁担、钢丝绳、吊具”的四点式均衡起吊工艺。 (2) PC楼梯板的起吊角度应大于楼梯的安装角度。 (3) 与吊具相连的钢丝绳应与吊点垂直。 4. 采取“慢起、快升、缓放”的操作方式。 5. 构件吊点位置：按设计图纸要求。 6. 采取“系挂溜绳(缆风绳)”的措施，人工控制构件的移动、转动，确保构件平稳、安全就位
PC楼梯板精准调平、校正	1. PC楼梯板缓慢下降、初步就位后，按弹设的定位控制线、进行微调，直至位置正确、搁置平实。 2. PC楼梯板安装时，应特别关注标高正确。经校正、准确后，方可脱钩

5. 装配式工程中与预制结构相关的分项工程施工措施

装配式工程施工过程中会涉及与现浇结构接洽部分，针对与预制构件施工相关的分部分项工程，编制的施工组织设计需考虑其施工措施。

1) 灌浆施工措施

灌浆操作需由专门人员从事，上岗前需培训后发放上岗证；工作时需穿不同于一般工人颜色的工作服，以便于现场识别。套筒及灌浆料需依据采购招标文件中指定品牌的灌浆料，实行样品封样制度，确保质量符合国家规范，并与套筒保持一致。灌浆前，应对基层进行清理，并注意对板缝周围的封堵处理，避免漏浆；还需要采取空气泵等方式对PC构件内部、套筒内壁等是否堵塞进行检验。

2）密封防水施工措施

装配式工程PC外墙板外侧水平、竖直接缝的密封防水胶封堵前，侧壁应清理干净并保持干燥，打胶衬条应完整顺直。使用的密封防水材料需符合招标文件要求的密封防水材料，其性能、质量和配合比等需进行检查，耐老化与使用年限应满足设计要求。在进行密封防水时，需严格按照设计详图的要求进行防水操作施工。

3）钢筋工程专项施工措施

在图纸会审、钢筋翻样时，着重对PC墙板的预留主筋和箍筋、PC梁箍筋和主筋、叠合板的外伸钢筋等三向钢筋相交处进行深化设计，解决钢筋位置冲突、绑扎困难、钢筋密集而不利于混凝土浇筑等问题。钢筋绑扎时如果遇到锚固螺杆等冲突的，可临时取下待钢筋绑扎完毕后复原锚固螺杆、旋拧至设计要求深度。对各类PC构件的所有预留钢筋，均不得任意弯曲、割断或破坏而引起偏位。

4）模板工程专项施工措施

装配式工程的模板方案除了现浇支撑设计，PC构件的模板方案特别是梁板底部模板的支撑系统，应经安全验算，并对现场搭设的支撑系统进行严格检查、验收，防止PC梁板等构件产生裂缝。对模板用螺栓，采用"二合一"螺栓，拆模后，对螺杆孔嵌补砂浆。PC墙板侧单面支模需安装设计节点详图施工加固。现浇构件与PC构件交界处，宜采取粘贴薄型双面胶的措施，或预留20mm×8mm(宽×深)的凹槽用于现浇构件模板安装时安装防漏浆条，消除交界处的漏浆。

6. 装配式工程施工过程控制

在装配式工程施工时，需严格依据设计要求控制材料质量，严格把关测量放线、预埋预留、PC吊装、灌浆作业、密封防水作业等工序质量验收，加强对PC构件运输、卸车、堆放过程，增强PC构件吊装作业及其他相关作业施工时的保护措施。在装配式工程施工组织设计编制内容里强调过程控制内容与相应要求，形成完善的管理保障制度，确保工程进度、质量、安全、文明施工及环境保护等措施制度的落实。

8.2.3 装配式混凝土结构工程施工组织设计案例

装配式混凝土结构工程施工组织设计的案例请参见"装配式混凝土结构工程施工组织设计实例"。

案例：装配式混凝土结构工程施工组织设计实例

参考文献

[1] 张洵，汪红梅. 画法几何及土木工程制图[M]. 3版. 武汉：武汉大学出版社，2013.

[2] 中国建筑标准设计研究院. 混凝土结构施工图平面整体表示方法制图规则和构造详图(现浇混凝土框架、剪力墙、梁、板)(16G101—1)[M]. 北京：中国计划出版社，2016.

[3] 程国强. BIM工程施工技术[M]. 北京：化学工业出版社，2019.

[4] 刘占省，赵雪锋. BIM技术与施工项目管理[M]. 北京：中国电力出版社，2015.

[5] 吴瑞，于文静，曲恒绪. BIM施工组织设计[M]. 北京：中国水利水电出版社，2019.

[6] 中国建筑教育协会继续教育委员会. BIM在施工项目管理中的应用[M]. 北京：中国建筑工业出版社，2016.

[7] 郭学明. 装配式混凝土结构建筑的设计、制作与施工[M]. 北京：机械工业出版社，2017.

[8] 王鑫，刘晓晨，李洪涛，等. 装配式混凝土建筑施工[M]. 重庆：重庆大学出版社，2018.

[9] 杜常岭. 装配式混凝土建筑口袋书——构件安装[M]. 北京：机械工业出版社，2018.

[10] 毛鹤琴. 土木工程施工[M]. 5版. 武汉：武汉理工大学出版社，2018.

[11] 闵小莹. 土木工程施工课程设计指导[M]. 武汉：武汉理工大学出版社，2004.

[12] 姚刚，华建明. 土木工程施工技术与组织[M]. 2版. 重庆：重庆大学出版社，2017.

[13] 中华人民共和国住房和城乡建设部. 建筑施工组织设计规范(GB/T 50502—2009)[S]. 北京：中国建筑工业出版社，2009.

[14] 王晓初，李赢，王雅琴，等. 土木工程施工组织设计与案例[M]. 北京：清华大学出版社，2017.

[15] 应惠清. 土木工程施工[M]. 3版. 上海：同济大学出版社，2018.

[16] 张凤春. BIM工程项目管理[M]. 北京：化学工业出版社，2019.

[17] 许可，高治军，何兵. 施工总承包方与BIM技术应用[M]. 北京：中国电力出版社，2018.

[18] 李云贵. 建筑工程施工BIM应用指南[M]. 2版. 北京：中国建筑工业出版社，2017.

[19] 陈园卿，刘冬梅. BIM脚手架专项施工方案实务模拟[M]. 北京：中国建筑工业出版社，2019.

[20] 房朝君. 钢格构柱塔式起重机的基础设计及施工[J]. 浙江建筑，2011，28(8)：32-35.

[21] 陈翠丽. 格构式钢柱塔式起重机基础施工[J]. 山西建筑，2013，39(20)：86-87.

[22] 高加林. 格构式塔式起重机基础的设计与施工技术案例分析[J]. 建筑施工，2017，39(3)：370-373.

[23] 江苏中南建筑产业集团有限责任公司，东南大学. 工程网络计划技术规程(JGJ/T 121—2015)[S]. 北京：中国建筑工业出版社，2015.